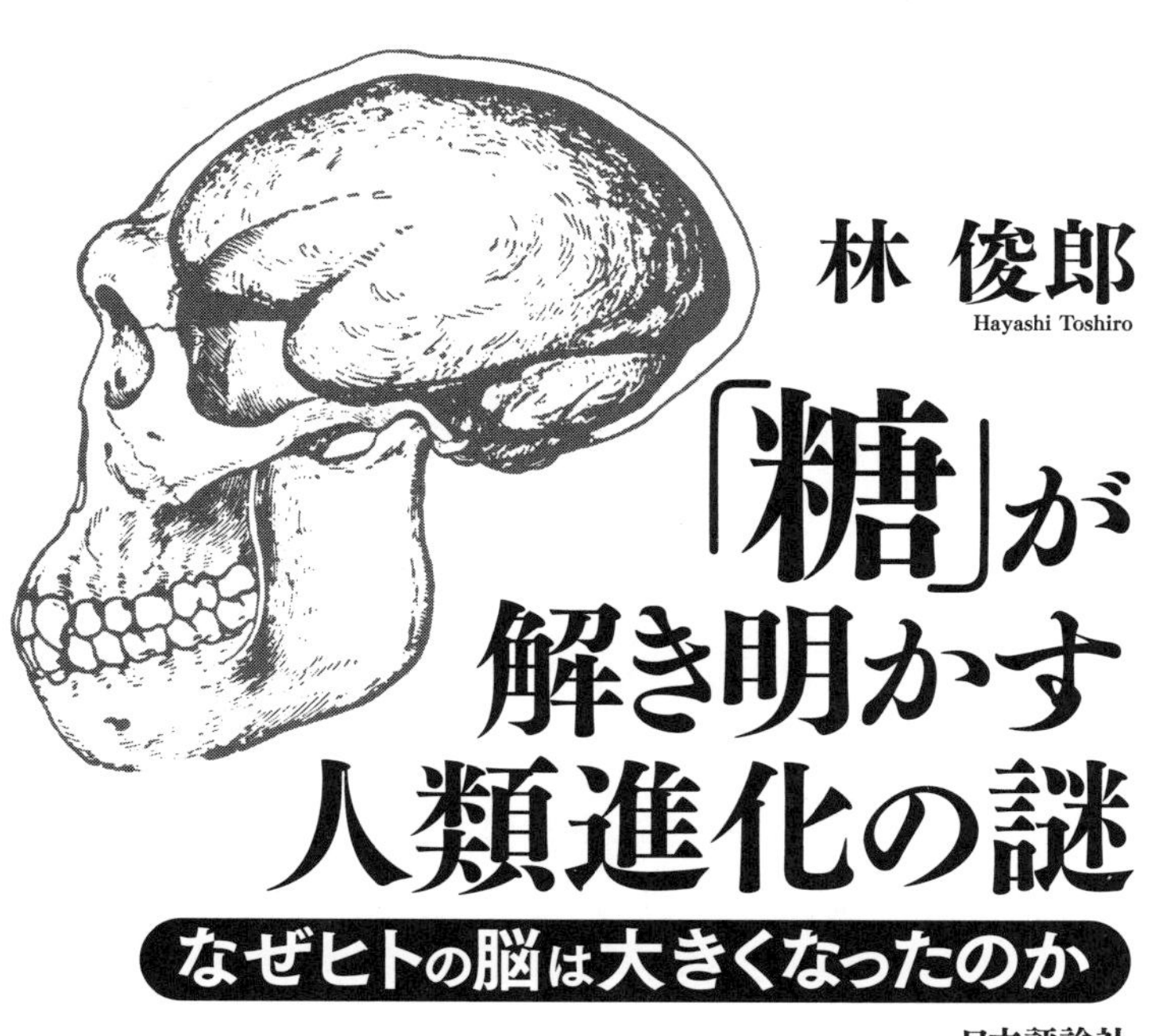

林 俊郎
Hayashi Toshiro

「糖」が解き明かす人類進化の謎

なぜヒトの脳は大きくなったのか

日本評論社

まえがき

人間ほど不思議な存在も珍しい。類人猿の一種にすぎない人類が地球を脱出して月面に足跡を残し、さらにはるか遠くにある惑星に探査機を送り込んで宇宙の神秘に挑戦しています。七色の声を巧みに操り、時には身を震わせて激昂し、また涙をこぼし、詩を綴り、楽器を奏で、行く末に思いを巡らす。このような動物は人間だけです。そのため、いまだに人間はあらゆる生き物の頂点に君臨していると思い込んでいる人々もいます。

しかし、人間が特別の存在でないことは進化論のチャールズ・ダーウィンを持ち出すまでもなく、はるか悠久の昔から先人達は知っていたようです。それは仏教の輪廻転生という言葉でも明らかです。このことは、分子生物学という分野が発達した今日では、より鮮明にその事実を私たちの目の前に突きつけます。人間の遺伝子はチンパンジーと基本的に大きな違いはなく、99％は同じなのです[1]。人間の基本的な遺伝形質は他の類人猿となんら変わらないのです。それでは、人間を人間たらしめているものは一体何でしょうか。紀元前4世紀に医学の始祖とされるヒポクラテスは、心はハート（心臓）にあるのではなく、脳にあると看破しています。今では、ほとんどの人が人類をサルからヒトに変えたものは、並はずれて大きくなった脳にあることに気づいています。

人類はおよそ５００万年前に直立二足歩行をする変わり者として出現したが、その後長く、厚い毛皮に覆われた寸胴で短足の立ち上がったサルの域を出ることはなかったのです。ところが、突如、２００万年前に脳の拡大（大脳化）が始まり、これと連動して消化機構の転換、体型のスリム化、厚い体毛の消失、皮下脂肪の蓄積と汗腺の発達、高度な二足歩行機能、成長の遅滞と長寿命などの生物的進化と石器製作などの文化的進化が連鎖的に起こりました。これら一連の連鎖的進化は、大脳化が起こったことによってもたらされたものです。一体、２００万年前に人類に何が起こったというのでしょうか。あのダーウィンとともに自然淘汰説を提唱したウォレスですら、人類に起こった進化は自然淘汰などではなく、なにか超自然的な力が作用したに違いないと述べています。これまで世界中の研究者がこの課題に取り組み、さまざまな仮説を提案してきたが、いまだに謎として残されています。

私は10年前に火の使用が人類に大脳化をもたらしたとする大胆な仮説を提案した本『火の人類進化論』[2]を出し、その内容を第61回日本人類学会大会で報告しました。この報告内容は、東京新聞により光栄にも科学欄のトップにこのときの学会大会のトピックスとして取り上げられましたが、その後はほとんど反響がありませんでした。この翌年に、米国の国際霊長類学会元会長のリチャード・ランガムが火の使用が人類を進化させたとする著書を出し、間もなく邦訳本[3]も出て各紙が書評欄に紹介しました。同氏の説は世界で物議をかもし、日本でも先の進化本[1]でその論争の内容を紹介しています。

しかし、ランガムの説と私の説は火の使用を起点にしている点では共通していますが、基本的な理論的背景はかなり異なります。脳は大量のエネルギーを消費する組織であることから、大脳化の要因を高エネルギー食に求める説が専門家の間で広く浸透しています。その代表的な食事が肉食です。ランガムはこれに調理が加わると、食べやすくなり、さらに消化されやすくなって、食事や消化に使われるエネルギーの節約につながり、その分だけ大脳化に使うことができると主張しています。

一方、私の説は彼の考え方とは根本的に異なります。それは、単にエネルギー量の多少ではなく、脳のエネルギー源のブドウ糖に視点をおいているからです。これまで脳の唯一のエネルギー源はブドウ糖とされてきました。ところが、脳の神経細胞の主要なエネルギー源は乳酸とケトン体であり、ブドウ糖は直前で脳のグリア細胞により乳酸につくり変えられてから脳神経細胞に送り込まれていることが分かってきました。また、大脳化の主体は脳神経細胞の増加ではなく、脇役のグリア細胞の増加によるものでした。

ブドウ糖は脳へのエネルギー供給システムの主役として重要な物質ですが、さまざまな細胞や生理活性物質に結合して相手を劣化させる諸刃の剣でもあります。脳神経細胞がことさらブドウ糖を忌避するかのようなエネルギー選択をするのは、この細胞は複製出来ず、生涯持ちこたえなければならないために、ブドウ糖による劣化を避けるためと理解することができます。そのため、血糖値を希薄な濃度に厳密にコントロールして脳に供給するシステムがすべての哺乳類に備わっているのです。脳へ供給されるブドウ糖のほとんどは、体内で自ら合成したもので食事由来ではありません。

植物性の食物にはブドウ糖が大量に含まれていますが、それらは主に難消化性の多糖類として存在しているため、植食性の動物はそれらの処理を腸内細菌にゆだねています。細菌が取り出したブドウ糖はすべて発酵に使われ、宿主の動物は発酵産物の有機酸をエネルギー源にしているのです。また、肉類には糖質はごくわずかしか含まれていないことから、ブドウ糖の給源にはならないのです。動物のこのようなブドウ糖を忌避するかのような食性と消化機構は、食物が血糖値に及ぼす影響を極力回避する機構ととらえることができます。いずれにしても、哺乳動物が食物由来のブドウ糖を直接吸収することには限界があることが分かります。よって脳が消費するブドウ糖やケトン体は主に肝臓で合成されたものであり、合成量と消費量は厳密にリンクしているのです。決して大過剰のエネルギーが脳に押し寄せるということは起こり得ないのです。これでは大脳化が起こる余地がありません。

ところが、人類にだけこの原則が破られる事件が勃発します。それまで整然とおこなわれていた脳のエネルギー代謝系に突如、大量の食物由来のブドウ糖が流入してきたのです。それをもたらしたものは、火の使用です。難消化性の多糖類を加熱すると強固な結晶構造は崩れ、宿主の消化液で容易にブドウ糖にまで分解されて一気に血管内に流入します。これが、食後の異常な血糖値上昇です。このような現象は、食物を加熱しなければ起こりません。

ブドウ糖は血液脳関門をすり抜けて脳内に侵入し、脳のエネルギー代謝に刺激を及ぼす唯一の物質です。大量に流入するブドウ糖に対するグリア細胞の攻防が、大脳化のエピゲノムシステムのスイッチをオンにしたというのが火の人類進化仮説です。なぜ人類にだけ大脳化が起こったのか、これを理解するにはこれまで人類進化研究ではほとんど考慮されてこなかった動物の消化生理からも考察する必要があります。

先の学会における私の報告内容に対して、新聞社からコメンテーターとして意見を求められた東大のある先生は、大脳化についてブドウ糖に視点を当てたところは斬新だと述べられました。これまで大脳化について盛んに論じられてきましたが、それはエネルギー量にのみ終始し、ブドウ糖を中心とした脳のエネルギー代謝の視点が欠落していたようです。

この本に記述した内容は、人類に起こった大脳化について、おそらくこれまで誰も試みなかった脳のエネルギー代謝からの解析です。第1章では、地球生命史を通して人類の行く末を遠望しますが、関心のない方は第2章から読んでください。第2章では、サルからヒトへの転換点である人類の起源は200万年前であることを指摘します。

第3章では、これまで提案されてきた大脳化の諸説を検証します。第4章では、ズバリ大脳化がブドウ糖によって惹起されるメカニズムを解析します。第5章では、消化生理の機構から人間以外の動物には大脳化が起こらない理由を解析します。第6章では、火の使用が起点になって大脳化が始まったことを解析します。第7章では、大脳化の遺伝発現のメカニズムをエピゲノムシステムから考察します。第8章では、大脳化が一連のネオテニー現象と長寿をもたらしたことを解析します。最終章では大脳化がもたらした負の側面からヒトの子どもはいかにそだてられなければならないかという根源的な問題を提起します。

専門家諸氏から種々のご指摘を賜れば幸いです。

また、一般の読者の方々には、人類進化の謎解きを楽しんでいただけるものと考えています。

「糖」が解き明かす人類進化の謎
なぜヒトの脳は大きくなったのか

目次

まえがき i

第1章 地球誕生史と生命の起源 1

人間の行く末 1
宇宙に漂う地球 2
地球のなりたち 4
地球、水、生物の共生がつくり出した地球環境 5
生命の誕生の謎 10
生物大量絶滅の地球史 19
ガイア仮説 24
コラム **大量絶滅の可能性** 27

第2章 人類の歩み 29

巨大な人類の脳 29
人類の起源 36
人類であることの証し 40
立ち上がったサル（猿人編） 46

サルからヒトへの大転換（原人編） 51
原人からホモ・サピエンス 55
コラム　際限のない人類の欲望 62

第3章 大脳化の謎 63

人間の起源 63
大脳化が軽視され、二足歩行が重視されてきた訳 65
アウストラロピテクスに平等な人権を？ 68
樹上性と地上性から見えてくるもの 70
古典的大脳化仮説の限界 73
大脳化と発達の違い 75
ネオテニー説への反論 78
高エネルギー食説への反論 80
高エネルギー食説の盲点 83
コラム　飢餓仮説 86

第4章 脳を拡大させたもの 89

大脳化の主役はグリア細胞 90
グリア細胞の増加を刺激したものは何か 95
大脳化を促すブドウ糖のメカニズム 102

第5章 動物に大脳化が起こらない訳 110

食物によって変わる動物の体型 111
ブドウ糖に飢える動物たち 120
コラム **ランガムの調理仮説への疑問** 131

第6章 プロメテウスの贈り物 133

火がもたらした大脳化のシナリオ 135
火がもたらす血糖値上昇 141
コラム **医療改善のきざし** 160

第7章 連鎖的急進化の遺伝発現 164

連鎖的急進化の流れ 165
コミュニケーション能力と文化の伝承 173

エピゲノムによる遺伝発現 175

第8章 遅い成長と長寿 184

大脳化がもたらした遅い成長 184
ヒトを長寿にさせたもの 191

第9章 人類のゆくえ 196

大脳化がもたらしたネオテニー現象 196
現代の子どもに起こっている体質異変 198
ヒトの子どもはなぜ未熟な状態で生まれなければならないのか 202
この神秘なるもの 205
なぜヒトの乳児の胃の中で細菌が繁殖するのか 206
なぜアレルギー体質の子どもが増えてきたのか 207

あとがき 211
参考文献 215
索引 i

第１章　地球誕生史と生命の起源

人間の行く末

私たちは宇宙にある地球という一惑星に乗せられて日々未来へと運ばれています。まさに私たちは宇宙時間の最先端を生きているのです。それは戦国時代でもなければ太平洋戦争の時代でもありません。まぎれもなく西暦２０００年代の最先端を生きています。この奇跡とも言える幸運を思わずにはおれません。今は亡き祖父や祖母、父や母も同じことを実感しながら、やがて老いてこの世から姿を消しました。私もまもなく姿を消しますが、子や孫がその後の最先端を生きます。しかし、人類が辿りつく先にあるものは何か。これは誰もが思いめぐらす課題ではないでしょうか。人類の脳進化の謎に挑戦する前に、この広大な宇宙に水が循環する地球が出現し、そこに生命が誕生して、やがて人類が出現するに至った壮大な歴史を概観することにします。

宇宙に漂う地球

想像を絶する話ですが、138億年前に無限大のエネルギーと質量をもった目でとらえることすらできないほどのたった一個の点（これを特異点と呼ぶ）が大爆発して宇宙が誕生しました（ビッグバン理論[4]）。以来、宇宙は今も高速で膨張を続けています。そして、ビッグバンの大音響は138億年後の今も宇宙空間でこだましています。現在の地球を構成しているあらゆる物質は原子からできており、その元素の種類は92種類もあります。ところが、創世記の宇宙に出現した元素は水素とヘリウムの他にごく少量のリチウムのたった3種だけだったのです。それでは、その他の89種の元素はどのようにして出現したのでしょうか。

ビッグバンによって宇宙が拡大する過程で質量の小さな水素などの原子が生成し、やがてそれらの元素のガス雲の渦が宇宙のあちこちで発生し、それらが集まって太陽のような恒星ができました。恒星は水素を原料にして核融合反応により輝いていますが、一部は熱核融合により次々と核融合が起こり、鉄元素までがこの恒星の中で生成しています。恒星の寿命が尽きる頃には膨張して高温の巨大赤色巨星になり、次々と重い元素が生成して原子番号83番のビスマスまでができます。ポロニウムよりも重いウランやトリウムなどの元素は太陽の質量の10倍以上もある超新星の爆発時の超高温化で生じています。[5] 地球や私たちの体を構成している元素は、太陽よりも前の超新星の中でつくられたものなのです。

宇宙に存在する元素の99・8%は水素とヘリウムであり、残りの90種の元素を合わせても0・2%にすぎません。太陽系の物質の99・1%を集めて太陽ができました。地球や私たちの体は超新星のかけらからできているのです。宇宙誕生後90億年も経ってから太陽系ができた理由は、太陽が何代も後にできた恒星であるからです。地球は84種の元素を集めてできた鉱物性の稀有な惑星であり、木星などの水素やヘリウム、アンモニア、メタン、水分子といったガス状物質からできている惑星群とは大きく異なります。

地球は太陽という恒星を周回する8個の惑星の一つにすぎず、太陽系にはその他にも数十万個もの夥しい小惑星があり、これらがゆっくりと太陽の周りを回っています。太陽系の何十万もの惑星中で、唯一地球だけが生命を豊かに育む環境を備えています。地球から太陽の距離は1天文単位、太陽系の広がりは1万天文単位もあり、1977年に地球を出発し加速度的に速度を増しながら飛んでいるボイジャー1・2号でもこの太陽系外に出るのにあと数千年はかかります。太陽系に最も近い4光年先の恒星に行くには数万年もの航海が必要です[6]。

それでは、太陽は宇宙でどのような存在でしょうか。太陽は天の川銀河を構成している1000億個以上もある恒星の一つにすぎず、太陽系はこの銀河の片隅に位置しています。銀河の中心には巨大な質量をもった暗黒物質[7]があり、この周りを渦を巻くようにこれらの恒星が2~3億年周期で公転しています[5]。

天の川銀河の巨大さに驚いていると、この外側にはこの銀河のような星雲が1000億個もあるというから唖然とさせられます。なにしろ、この宇宙空間の距離は780億光年以上もあり、これは理解の限界です[5]。

地球のなりたち

地球は46億年前に超新星が爆発した残骸が集まって、次第に大きな惑星に成長してできました。最後の仕上げは火星ほどの巨大惑星との衝突です。この衝突により大気圏外に飛び出したガレキが集まって月ができました(ジャイアントインパクト説[8])。この衝突の衝撃は凄まじく、地軸を23・4度傾けて地球に四季をもたらします。創生期の地球はこの惑星の衝突熱で灼熱のどろどろの状態（マグマオーシャン）となり、比重の重い元素が地球内部深くに沈み込み、核を形成し、比較的軽い元素は気体となって大気圏を覆いました。重い元素の中にはウランのように放射能をもった放射性元素が大量に存在し、これらの元素が崩壊して核分裂エネルギーを放出しています。半減期の短い放射性元素は早くに消滅しましたが、ウラン235などの長いものは今も残存しており、プレートを動かして地震や火山噴火の要因となるエネルギーを放出しています。[9]

地球、水、生物の共生がつくり出した地球環境

創世記の地球には大陸もなければ酸素も存在していません。灼熱のどろどろした地球表面を冷却して大気や海を浄化し、大陸をつくり、今日の20％の酸素を含む大気をつくりだしたものは地球がもつエネルギーと水の循環、さらに生物の三者による共生作用の賜物です。

①原始地球を浄化した水の循環

灼熱状態にあった創生期の地球の大気圏は高温高圧でしたが、次第に上空から冷えて３００度ほどになると水蒸気は雨となって降り注ぎ、再び蒸発するという循環を繰り返しました。水滴は大量の気化熱を吸収して蒸発し、地球の表面温度を急速に低下させます。大気圏に大量に存在していた浮遊物や気化していた金属元素は雨によって地表面に洗い流され、大気は数百気圧から数十気圧へと一気に下がりました。

大量の物質が流入した原始の海は、硫酸や塩酸による強酸性下の状態にありましたが、塩基性マグマなどと反応して中和され、やがて海水は弱アルカリ性になりました。以来今日まで、海水は弱アルカリ性を保っています。

海水がアルカリ性になると、それまで大気中に存在していた大量の二酸化炭素が海水中に溶け込んで、大気は数十気圧から１気圧へと一気に浄化されました。

②海の浄化機構

原始の海には気化していた大量の無機物が流入して汚染の極致にありましたが、間もなく自然に浄化されて水と塩分（塩化ナトリウム）以外は、ごくわずかしか存在しない希薄な海洋になりました。水はあらゆるものを溶かしますが、無機物は陽イオンと陰イオンに電離して溶けます。無機物には水に溶けやすいものから、溶けにくいものまでありま す。さまざまなイオンが混在している溶液中では、溶けにくい化合物をつくる陽イオンと陰イオンが結合して沈殿物となって水溶液中から消えていきます。このようなことが連続的に起こって、最終的に沈殿物になりにくいナトリウムイオンと塩素イオンが海水中に高濃度に残ることになります。

今日まで大陸から河川を通して海に膨大な量の無機物が流入してきましたが、大海はオーシャンデザート（海洋砂漠）と呼ばれるまでにプランクトンが一匹も育たぬほどに貧栄養環境になっています。その理由は、先に説明したように、自然の浄化機構が働いているからです。プランクトンが繁殖する世界有数の漁場はいずれも、地球の自転作用などによりミネラルを豊富に含む深層水が表層に運ばれる湧昇域に限定されます。

話を海水浄化に戻します。海水の浄化機構は無機化学的な機構だけでなく、その後出現する生物体によっても行われています。現在も海水中の無機物を取り込んだ生物の遺骸がマリンスノーとなって海底に大量に降り積もっています。

③大陸を形成させた地球の生命力

このように、さまざまな化合物が沈殿物となって海底のプレート上に沈降しました。

それではこのプレートはどのようにしてできたのか。それを説明する前に地球の構造について簡単に触れておきます。地球の構造は果物のリンゴにたとえられます。薄い皮の部分が地殻と呼ばれるプレート上に載っている大陸であり、地球の体積のわずか２％にすぎません。果肉にあたる部分がマントルで、地球全体の80％近くを占めます。芯にあたる部分が核（コア）であり、鉄などの重い金属でできています。

地球の中心部分の温度は、地球形成時の惑星の衝突エネルギーやウランなどの放射性元素の核分裂エネルギーにより５０００度にもなっています。[10] コアの上部にあるマントルが加熱されて飴状になり、ゆっくりと対流（マントル対流）しています。マントルの上部は圧力が低いため千数百度程度でも溶解するために、厚さ４００㎞ほどのマグマ層を形成しています。プレートはこの流動性のマグマの上に浮かんだ厚さ50～１００㎞ほどの薄い板であり、これはマグマが固まった玄武岩からできています。

プレートは地球創生後まもなくできており、この上に先に述べた沈殿物が一様に堆積したために、初期の地球には大陸は存在せず、ほとんど全面が海に覆われた水球の状態でした。それでは大陸はどのようにしてできたのか。海底のプレート上にはほぼ一様に将来大陸を形成する大理石や石灰岩の主成分の炭酸カルシウムなどの沈殿物が堆積していた他に、地球内部からマグマの噴出（マントルプルーム）によってできた火山島が点在していました。プレート上にあるこれらの堆積物をかき集めて大陸がつくられたが、その作業をプレート運動が行いました。

　プレートは地球内部からの熱エネルギーを放散するためのマグマを噴出する海嶺と呼ばれる深い溝で切り裂かれている上に、縦横無尽にひび割れています。それは、ジグソーパズルのピースのように16枚ほどに分かれています。それぞれのプレートは洋上に浮かぶ筏であり、マントル対流によって年間に数cmほどの速さで移動しています（プレートテクトニクス）。プレートが移動した空隙には海嶺から噴出したマグマが流入して新たなプレートが補充されます。大量の沈殿物を堆積したプレートは互いに衝突して、一方のプレートが他方のプレートの下に潜り込みます。このときに潜り込んだプレート上の沈殿物が他方のプレートに擦り取られて付加体を形成し、やがて陸地ができました。独特な地形の日本列島もこの付加体形成により誕生しました。ヒマラヤ山脈は、９０００万年前にアフリカ大陸から離れたインド島が年間に15cmの速度で移動して５０００万年前にユーラシアプレートに衝突してできたものです。インドプレートは、今も年間に５cmの速さでユーラシアプレートを押し続けており、ヒマラヤ山脈やチベット高原を隆起させているのです。[4] この山脈の山頂付近からは海底であった名残をとどめるアンモナイトの化石が出てきます。巨大な山脈を載せたプレートがマントルの中に沈み込まないのは浮力の関係で、大陸の比重がプレートの下のマグマよりもはるかに小さいからです。

大陸はプレート運動によって衝突合体して超大陸を形成し、やがて分裂するという離合集散を繰り返しているのです。[11] 地球史上でこれまで超大陸ができたのはおよそ27億年前、20億年前、15億年前、11億年前、7億年前、3億年前の6回です（ウィルソン・サイクル）。[12] 最後の3億年前の超大陸がパンゲアであり、恐竜の化石が南極大陸を含む七大陸のすべてから出土しているといいますが、これは恐竜時代に大陸が合体していた証しです。また、カンガルーなどの有袋類がオーストラリア大陸以外で繁栄しなかったのは、大陸が分裂してから有袋類が出現したことと、他の大陸からの天敵の侵入が阻まれたことによります。

生命の誕生の謎

私の学生時代の必読書の一つがオパーリンの『生命の起源と生化学』[13]でした。彼の説は、地球創生期に存在した無機物から有機物がつくられ、次にコアセルベートと称する原始的な物質代謝を行い、成長するコロイド粒子の出現が生命の起源になったといいます。オパーリンの説は、ハロルド・ユーリーとスタンリー・ミラーによって支持されます。ミラーは1953年に、フラスコ内を原始地球にみたてて水素、メタン、アンモニア、ホルムアルデヒド、シアン化水素という単純な化合物をいれたフラスコ内で空中放電を行い、20種近いアミノ酸類を合成することに成功しました。また、隕石やハレーすい星からも同じような有機物が検出されており、宇宙でも同様のことが起こっていることが明らかになってきました。しかし、ミラーの有名な実験から半世紀が過ぎ去りましたが、生命の起源に迫る研究はここから一歩も進んでいないようです。

この他に生命の起源として、隕石に乗って生命体が地球外からやってきたとするパーステルニア説があります[14]。しかし、仮に地球外から侵入があったとして、その生命はどのようにして誕生したのかという謎は依然として残ります。仮にアミノ酸などの低分子の化合物が存在したとしても、これらからたんぱく質のような高分子化合物がどのようにしてできたのか、さらに高分子の化合物などが集合して一つの組織的な作用がどのようにして起こるのか、この組織の性質がどのようにして遺伝形質として残されるようになったのか、これらの基本的なことについては皆目分かっていません。生命誕生の謎に比べれば、人類に起こった大脳化の謎は案外と他愛のないものかもしれません。

生命を出現させた地球の嫌気的環境

およそ38億年前に最初の生命体が出現しました。なんの防御機構ももたない単純な初期生命体を出現させたものは、遊離した酸素が存在しない原始地球の嫌気的環境でした。強い酸化力をもつ酸素は初期生命体を破壊させるが、地球の嫌気環境が生命の出現を可能にしたのです。創生期の地球は灼熱の状態であり、地球内部から噴出した水素はたちまち酸素と反応して水蒸気となり、その他多くの元素が酸素と反応して酸化物を形成したために、地球環境には今日の大気中にある遊離した酸素はほとんど存在しなかったのです。このことは、あたかも地球ガイアが意図をもって生命を出現させるために地表面から遊離の酸素を消し去ったかのようです。強力な酸化力のある酸素が存在していたならば、生命は誕生しなかったのです。その後、嫌気性の単細胞生物は10億年もの間に進化を続けて複雑な代謝機構を開発しました。

原始生命体の残像

私は若い頃の10年間、牛の第一胃（ルーメン）内に棲息する特殊な乳酸菌の代謝研究に没頭したことがあります。この細菌は酸素に触れるとたちまち死んでしまう絶対嫌気性ですが、富栄養培地でなければ増殖できない一般の乳酸菌と異なり、アミノ酸やビタ

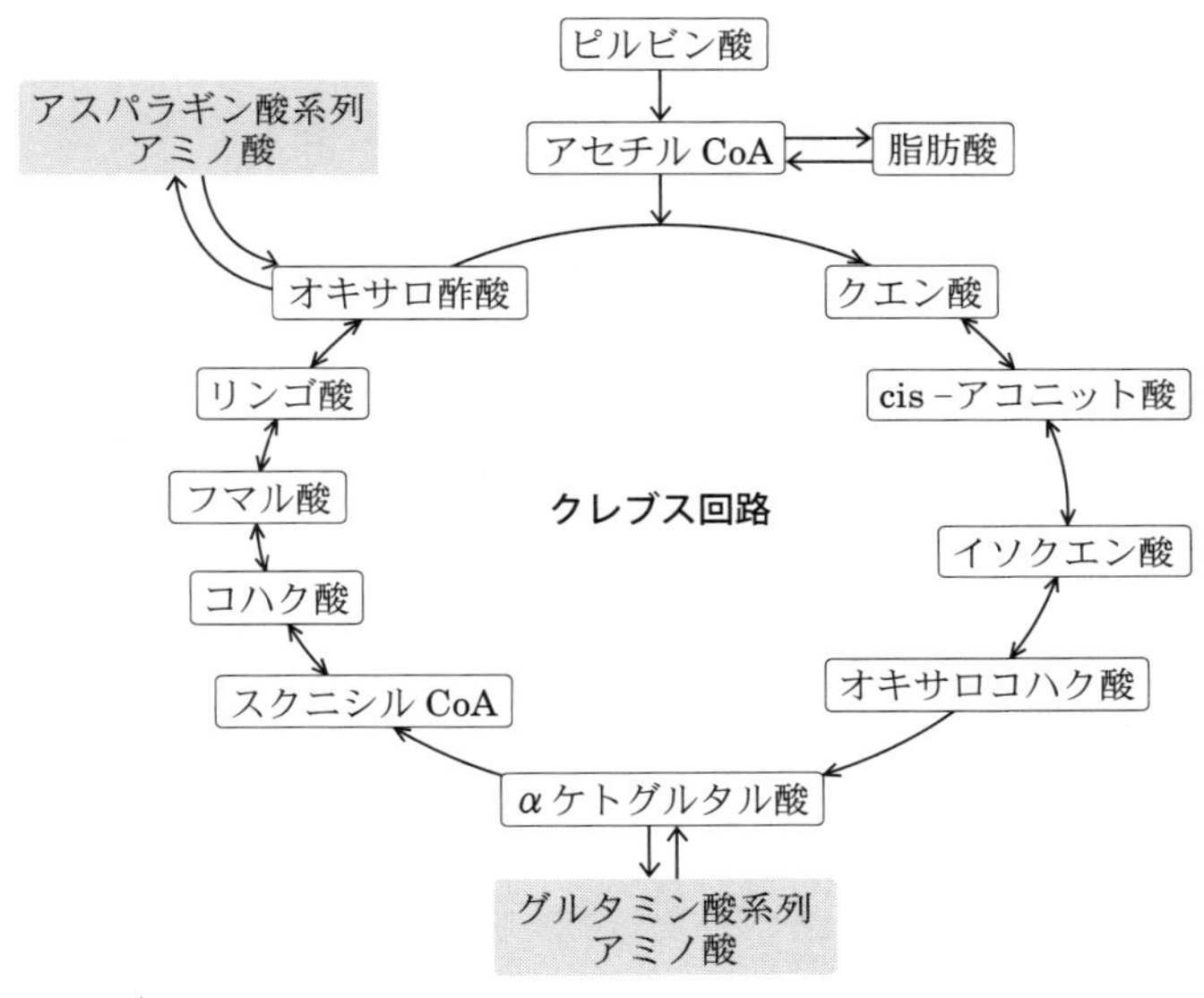

図 1.1 | クレブス回路

ミン類を一切必要とせず、貧栄養培地で細胞分裂速度10分ほどの速さで猛烈に増殖するという変わり者です。放射性同位元素のC－14でラベルしたブドウ糖と二酸化炭素を用いて代謝機構を調べたところ、二酸化炭素を固定してオキサロ酢酸を合成し、さらにTCA cycle（クレブス回路、図1・1）を使ってアスパラギン酸やグルタミン酸系列のアミノ酸を合成することを確認しています。[15] クレブス回路は、ミトコンドリアなど好気的生物に特異的なものと考えていた私には、嫌気性の細菌にこのような代謝機構があることに驚いたが、当時はこれが生物の進化に関わる重大事とは気づきませんでした。また、この細菌はアミノ酸を含まない無機の培地で増殖するときには、ポルフィリン環の反応を示す赤色の色素を産生しますが、これがチトクロームにつながることに思いを巡らすようになったのは、かなり後になってからでした（ポルフィリン環は、その後出現する葉緑素やチトクロームなどの基本構造物です）。いずれにしても、嫌気性の原核細胞がクレブス回路だけでなく、これから述べる葉緑素やミトコンドリアの原型をほぼ作り上げていたのです。初期の原核細胞は、光合成についても酸素を放出しないタイプの光合成細菌をつくりだしていたのです[16]。

最近になってクレブス回路が注目されています。生命誕生の場として考えられてきた深海の熱水噴出口には、創世記の地球を想起させる嫌気性の古細菌が棲息し、この中に二酸化炭素と水素を取り込んで、クレブス回路の逆ルートからアミノ酸などの有機物を合成しているものが知られています。クレブス回路はあらゆる生物代謝の中核であり、エネルギーの生産だけでなく、この回路から放射状にさまざまな物質がつくり出されます。

ところが、クレブス回路は熱力学的に安定で、非生物的に生命誕生に必要なあらゆる材料をつくり出す打ち出の小槌と考えている生化学者がいるといいます[17]。

嫌気的生物が開発した代謝機構をベースにして、その後、好気的生物が出現することになります。

地球磁場の形成がもたらした好気的環境

ガイアは、嫌気性の原核細胞が役割を果たし終えるのを待つかのようにして、非情にも次なる一手を仕掛けてきました。それは地球磁場の形成です。地球表面には太陽から放出される殺傷力の強い太陽風と呼ばれる高エネルギー荷電粒子が降り注いでいたため、生命はそれが届かない深海で誕生し、原核生物はその限られた領域で棲息していました。ところが27億年前になると、地球が一つの磁石となって南北を磁極とするドーナッツ型の磁場（バンアレン帯）が形成され、これにより太陽風が遮断されて生命体の棲息領域が深海から海面へと拡大します。[18]

地球に強い磁場ができた要因については、マントルの二層対流から一層対流への転換説（マントル・オーバーターン）があります。[8]

しかし、磁場の形成には液状の金属の存在が必要です。地球の深部は太陽表面温度に近い４０００～７０００度もあり、外核の金属は液状になって対流し、これが磁力を生み出しているのです。[19] 火星や月には液状の核は存在しないために、少なくともこれらの天体の地表面では生物は生きることができないはずです。

いずれにしても地球磁場の形成を契機に環境に一大転換が起こりました。太陽エネルギーを利用して炭酸ガスと水から有機物を合成して、酸素を放出するポルフィリン環にマグネシウムが結合した葉緑素をもった原核細胞のシアノバクテリアが海表面に出現します。なお、この時代の原核細胞にはマグネシウムではなく亜鉛が結合したポルフィリン環で光合成を行うタイプのものもいたようです[20]。放出された酸素は、それまで海水中に大量に溶け込んでいた二価鉄を酸化させて不溶性の酸化鉄にしました。これはプレート上に堆積して、やがて陸上に押し上げられて縞状鉄鉱石となって近代工業を支える原料となります。シアノバクテリアの酸素放出はその後も続き、海水の酸素濃度が飽和点に近づくころにはそれまで繁栄を謳歌していた嫌気性生物の多くは絶滅し、わずかに生き残った生物が限られた嫌気環境下で身を隠すことになりました。19億年前になると、海から大気中に酸素が放出されるようになり、大気中の酸素濃度が高まり、4・7億年前には酸素からオゾンがつくられ、やがて紫外線を遮断するオゾン層が形成されます。これを契機にコケやシダ類の植物が海から陸上に進出し、これを追って動物が陸に上がりました。

細胞内共生

生物の進化上どうしても触れなければならない重大な事件があります。それは細胞内共生と呼ばれる二つの事件です。その一つは、シアノバクテリアを細胞内に取り込んで葉緑体を獲得した真核細胞の出現です。[21] もう一つは、酸素を利用してエネルギーを生産するミトコンドリアを細胞内に取り込んだ真核細胞の出現です。

ＤＮＡを包む核膜をもたないのが原核細胞であり、核膜があるのが真核細胞です。葉緑体とミトコンドリアはともに細胞内で強い酸化力のある酸素のやり取りを行うため、それからＤＮＡを守るために核膜ができました。葉緑体とミトコンドリアはあたかも独立した細胞であるかのように宿主の核ＤＮＡをもった細胞とは関係なく、独自の小さなＤＮＡをもって複製しています。葉緑体とミトコンドリアの両方を取り込んだ真核細胞が植物に進化し、ミトコンドリアだけを取り込んだ真核細胞が動物へと進化しました。植物と動物の起源は同じ原核細胞です。

葉緑体にある葉緑素は光エネルギーを利用して二酸化炭素と水からブドウ糖を合成します。一方、ミトコンドリア中のチトクロームは、酸素によりブドウ糖を二酸化炭素と水にまで燃焼する過程の電子伝達系で、ＡＴＰと呼ばれるエネルギーを大量に産生します。なお、酸素を体に取り込み二酸化炭素を排出するヘモグロビンは、チトクロームと同じヘム鉄で構成されており、両者の起源は同じです。

チトクロームと葉緑素はまったく異質なもののように見えますが、構造的には共通性があります。チトクロームと葉緑素はともにポルフィリン環をもち、この環の中に前者は一個の鉄原子が、後者はマグネシウム原子が収まっているのが大きな違いです。ちなみに、マグマの主成分であるケイ酸と結合してケイ酸塩を構成している元素は、鉄かマグネシウムのいずれかであり、あらためて地球と生命体との結びつきに気づかされます。地球のような鉱物がほとんど存在しないガス状の物質からできている木星や土星では、生命体は出現できないことが分かります。

宇宙に存在する元素のうちで最も多いのが水素原子（92％）であり、次いでヘリウム原子（7・8％）であり、残る大多数の原子は総計でも0・2％にすぎません。鉱物でできている地球を構成している元素組成とは大きく異なっていることが分かります[6]。

多細胞生物の出現

酸素の出現は、単細胞生物の時代を一変させて多細胞生物を出現させます。動物の体を構成しているたんぱく質のおよそ三分の一は、コラーゲンと呼ばれる特殊なたんぱく質でできています。コラーゲンは細胞と細胞がばらばらにならないように繋ぎとめる膠の役割があり、その他、軟骨や骨、皮膚の主成分です。コラーゲンは通常のたんぱく質を構成するリジンとプロリンと呼ばれるアミノ酸が二次的に酸化されてつくられます。コラーゲンができるためには酸素の存在が必要です。

多細胞生物の出現は7億年前ですが、それがはっきりするのは5億4千万年前のカンブリア紀に入ってからです。この時代にはカンブリアモンスターといわれる奇異な軟体動物が大量に出現するようになります（カンブリア大爆発）。

生物大量絶滅の地球史

地球に出現した生命体の運命は、束の間の繁栄を謳歌してはやがて絶滅し、その間隙をぬって新たな生命体が出現して繁栄し、やがて姿を消していくという歴史の繰り返しです。これまでに地球上に出現した動物の99・99％は絶滅しています。しかし、新たに登場する生物は、決してランダムに出現しているのではないようです。あたかもガイアが仕組んだプログラムに従うかのように、絶滅した生物の機能をベースにしてより高度な生命体となって甦っているようです。

地球史上で動物の大量絶滅事件が5回起こっています（ビッグファイブ）[22]。地層は古い地層に新しいものが積み重なって形成（地層累積の法則）されることから、大量絶滅事件は地層研究と古生物研究から明らかにされてきました。地球上に多細胞生物が登場してからの5億4千万年間を、生物種の違いにより古生代、中生代（2億5000万年前から）、新生代（6500万年前から）に区分しています。しかし、これは連続的な進化の流れの中で自然に生物種が遷移したのではなく、不連続的に突如古いタイプの生物種が姿を消して、新しいタイプが出現したことを示しています。古生代はカンブリアモンスターや三葉虫など海洋生物が繁栄した時代であり、中生代は陸上では恐竜に代表される爬虫類が繁栄し、植物では裸子植物、海洋ではアンモナイトが繁栄した時代であり、新生代は哺乳類と鳥類、被子植物が繁栄しています。

ビッグファイブの1回目は4億4千万年前（オルドビス紀末）、2回目は3億7千万年前（デボン期後期）、3回目は2億5千万年前（ペルム紀末）、4回目は2億年前（三畳紀末）、5回目は6500万年前（白亜紀末）です。

また、2億5千万年前以降に海洋動物に起こった大量絶滅事件は11回であり、統計的に約2600万年周期で発生しており、この周期で起こる宇宙的・地球的出来事との相関の可能性が示唆されています。[23] 宇宙的・地球的な出来事により大量絶滅が起こるシナリオとして次の三つが挙げられています。

①超新星の大爆発

６０００光年以内にある超新星の大爆発によって放射されるガンマ線が地球に到達し、10秒以内にオゾン層を破壊して大量絶滅の引き金が引かれるというものです（スター・バースト説）。オルドビス紀末の大量絶滅がこれに該当するのではないかという指摘がありますが、その証拠はありません。

②火山大爆発

これは、巨大なマントルの上昇流（いわゆるスーパープルーム）が起こり極度の温暖化にともなう海洋の無酸素事件であり、ペルム紀末の大量絶滅がこれに該当します。ペルム紀末の2億5千万年前に起こった大絶滅では、95％の動物が絶滅しました。この絶滅はマントルプルームによる大噴火で、トラップと呼ばれる広大な階段丘をつくりました。この大絶滅は1回（中国のガリサントラップ）だけでなく、その千年後に2回目（シベリアトラップ）が起こり、長く噴火が続きました。溶岩流はいずれも石炭層を突き破って流れたために、大量の二酸化炭素とメタンを排出しました。石炭紀（3億6０００万年前～2億9９００万年前）とペルム紀（2億9９００万年前～2億5０００万年前）に蓄積した大気中の酸素は35％から15％以下に低下し、穴倉や泥の中に住んでいる動物以外はほとんど死滅しました。なお私たちが排出する呼気の酸素濃度は16％程度ですから、この濃度ではほとんど生きられないことになります。大気の影響を受けて海洋も酸欠となり、三葉虫やアンモナイトなど海洋生物のほとんどを死滅させ、嫌気性の細菌が硫化水素を放出させて陸上の動物に追い打ちをかけました[17]。

この大絶滅を生き抜いた爬虫類に二種類あり、その一つが恐竜類や鳥類やワニの祖先になる主竜類であり、もう一つが哺乳類の祖先になる単弓類です。渡り鳥の鴨は標高8848ｍのヒマラヤ山脈のさらに数百メートル上空を平然と超えていきますが、人間ではたちまち窒息してしまいます。恐竜は低酸素の時代を生き抜くために肺の呼吸器官を独特なタイプに進化させたのであり、恐竜から進化した鳥類はそれを引き継いでいます。哺乳類では吸い込んだ空気を肺胞に送り込んだのちに排出します。ところが、鳥類では空気は一方向に流れ、常に新鮮な空気が肺に流れ込むようになっています。これが、恐竜が繁栄した理由でもあります[24]。

2億年前の三畳紀末の大絶滅事件の規模は最大と言われていますが、丸山茂徳氏らは『生命と地球の歴史』[8]の中で、地球内部から噴出するスーパープルームの可能性を指摘しています。中生代から新生代の境界は超大陸のパンゲアが分裂を始める頃であり、大陸を切り裂く強い圧力が地球内部から働いたのではないかと述べています。

③巨大隕石の衝突

６５００万年前の恐竜の大絶滅をもたらしたものは、メキシコのユカタン半島の北西端の海洋に落下した巨大隕石によることがほぼ確実視されています。落下した海底から直径１００㎞の規模をもつクレーターが見つかっています。この時代の世界中の地層ではイリジウムという金属の濃度が異常に高く、隕石由来であることが分かりました。このときの衝突エネルギーは凄まじく、３００ｍの高さの津波が地球を数回回ったと推測されています。爆発により吹き上げられた粉塵が長く大気圏に漂い、太陽光を遮って地球の平均気温を10度も下げたといいます。これにより陸上の大型動物は壊滅状態になりました。

この時代、哺乳類はネズミ大の大きさであり、夜間に活動することによりかろうじて生き永らえていました。恐竜が絶滅したことにより、哺乳類の飛躍が始まります。哺乳類は2億年前の恐竜が出現したほぼ同時代に出現していましたが、天敵の恐竜の存在が長い間哺乳類の進化を阻んでいたのです。

恐竜の絶滅を機に、怒涛のように哺乳類の進化が始まりました。進化の流れ（系統発生）は化石研究だけでなく、遺伝子解析からも進められ、意外な事実が明らかにされてきました。たとえば、クジラはヒマラヤ山脈が隆起し始めた頃にその高原を徘徊していたウシの仲間が海に戻ったものであり、鯨偶蹄類に分類されています。[25] ２０１２年に和歌山県の捕鯨基地がある太地の鯨博物館で、四足の名残を示す下肢の痕をもつ生きたクジラを観察して感激したことがあります。これは先祖返りの例です。また、ウマとコウモリは似ても似つかないと思われるが、系統発生からは同じ仲間です。

霊長類の出現は３５００万年前、類人猿は２５００万年前であり、人類の出現は７００～５００万年前です。そして、現世人類のホモ・サピエンスの出現はわずか20万年前です。

ガイア仮説

ジム・Ｅ・ラヴロックは、地球、大気、海洋が生命の存在によって最適なものに保たれているというガイア仮説を提唱しています。[26] ラヴロックは、１９６０年代に米国のＮＡＳＡが行った火星の生命探査計画に加わり、大気分析を通じて火星には生命が存在しないことを指摘するとともに、地球の生命の豊かさに畏敬の念を抱くようになったといいます。[27] 彼の考え方は、地球全体が意思のある一つの生命体として地球環境をつくり上げてきたという主張です。たとえば水蒸気が雲となり雨を降らすためには、雨滴の核になるものが必要であり、海洋生物が核となる硫化ジメチルを大気中に放出して、大陸の奥深くに恵みの雨をもたらして陸上の生物を育んでいるといいます。

以上、地球の歴史を概観してきましたが、今日の地球環境は地球のもつエネルギー、水の循環、生物による三者の共生によってもたらされたことをあらためて認識させられます。地球ガイアは、特殊な化合物である水の循環により灼熱の地球を冷やし、嫌気環境下で生命を出現させて束の間の繁栄を謳歌させた後に、世代交代を促すかのように大絶滅に追い込み、その都度より高度な機能をもった新たな生物を輩出させて、地球環境をも進化させてきました。これまで地球で起こった生物進化の変遷は、「種の起源」を著したチャールズ・ダーウィンの自然淘汰や、環境適応といった連続的で緩やかなものではなく、唐突で不連続なものであることが分かります。とはいえ、新たに出現した生物のゲノムには、絶滅した生物の遺伝子が刻まれており、生命は連綿と受け継がれている点では連続しています。地球人口は間もなく75億人に達しますが、大型で単一の種でこれほど繁栄した動物は地球の生物史上でも例がありません。人類もやがて世代交代を促されますが、高度な文明を培ってきた知能は次世代の生物にどのように受け継がれていくのか。人類のＤＮＡは他の類人猿と基本的になんら変わりがないのです。

高度な知能をもった人類の出現は偶然の産物か、はたまたガイアの意図によるものか、
そうであれば人類に課せられた使命はなんでしょうか。

コラム

大量絶滅の可能性

地球は生命体にとって掛け替えのない棲息地ですが、決して居心地の良い環境ではありません。そのため、生物は環境に適応して進化してきたが、それでも不意を衝く天変地異が生物を絶滅に追い込んできました。近未来に人類を滅亡に追い込む事件が起こるとすると、どのようなことが考えられるでしょうか。

いつ起こってもおかしくないものは大規模な火山爆発です。7万年前にインドネシアで発生したトバ火山の大噴火では、ホモ・サピエンスは壊滅的なまでに人口を減らしたと考えられています（トバカタストロフィー理論）。この事件では、世界の気温が6年に及んで平均で5度も低下したといい、人類の乏しい遺伝的多様性の原因をもたらしたといいます。ビル・ブライソン[19]は、巨大爆発を起こす可能性として米国の国定公園のイエローストーンをあげています。直径60㎞のこの公園全体がカルデラであり、ある周期で大爆発を繰り返しているといいます。公園の下には直径70㎞、厚さ13㎞のマグマだまりがあり、前回の大爆発と近年の兆候からしていつ大爆発を起こしてもおかしくないといいます。

第２章 人類の歩み

前章では地球の誕生から人類の登場に至るまでの進化上の主だったトピックスを取り上げてきました。人類の最大の特徴は際立って大きな脳にあることは誰もが認めるところです。ここでは脳に比重をおいて、人類の誕生から今日に至るまでの歴史を概観します。

巨大な人類の脳

私たちの体をコントロールしている中枢神経系は脳の大脳、間脳、中脳、小脳、延髄の他に脊髄の六つの組織からできています（図２・１）。脳は魚類に始まる脊椎動物に特有のものですが、その原型ははるかカンブリア紀に出現した脊索動物の幼生に見ることができるといいます。深さ50ｍの海底で卵外に出たホヤの幼生は、オタマジャクシのよ

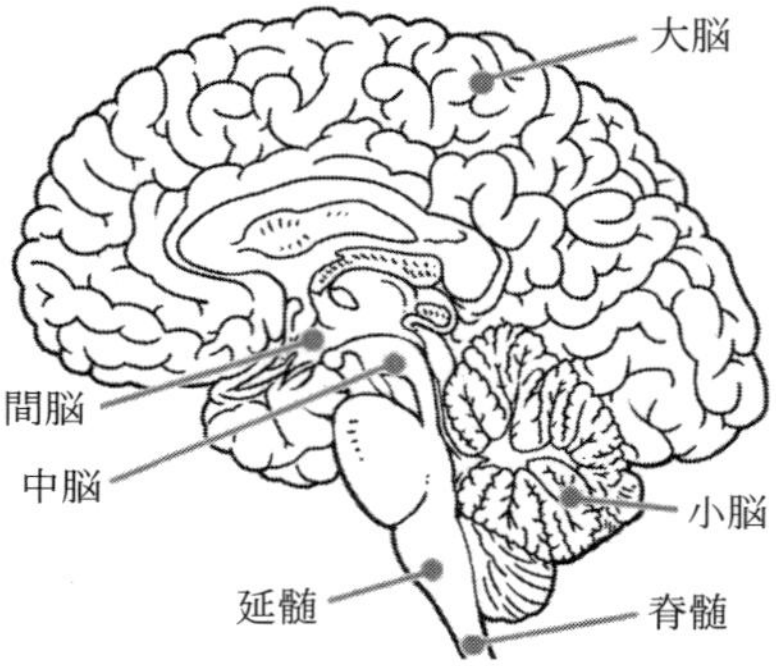

うに光を求めて海面に向かって泳ぎます。この幼生にはわずか数百個ほどの神経細胞があり、そこから延びる神経線維から情報伝達物質のアセチルコリンを介して筋肉に刺激が伝えられており、すでに脊椎の原型らしきものが萌芽しています。[28]

脊椎動物は魚類から両生類、爬虫類へと進化し、爬虫類からは恐竜、鳥類、さらに哺乳類が出現しましたが、脳の基本的な構造は魚類から哺乳類まで共通しています。このことは脳を構成するＤＮＡは初期魚類から今日の哺乳類まで連綿と受け継がれてきたことを示すとともに、脳そのものは進化の流れの系統発生にはさほど関与していないようにも受け取れます。

図 2.1 | 脳の中枢神経系

脳のサイズの評価

人間の特徴は大きな脳にあるというのは定説ですが、クジラやゾウなど大型の動物は人間よりもはるかに大きな脳をもっています。小さな体よりも大きな体の方が脳が大きくなるのは当然であり、体の大きさを考慮しないで脳の質量だけを比較しても意味がないことになります。一方、体重当たりで比較するとネズミやツバメの方が人間よりも大きいことになり、逆に巨大動物は極端に小さくなります。そこで、体重に対する比ではなく体表面積に対する比で表すことに気づいた研究者がいました。ドイツの精神科医のオットー・スネルは、１８９７年に動物の脳重量を体表面積と精神因子の関数で示す画期的な方法を考え出しました。すなわち、脳重量をH、比例定数を小文字のp、体重をKとすると、

$$H = p \times K^{2/3}$$

で示されます。なお、あらゆる動物で体表面積は体重の３分の２乗でほぼ一定しているといいます。彼は、精神活動は体表面積に対する比例定数pの値で決まり、この値が大きいほど知能活動が優れていると考えました。藤田哲也氏は、スネルのこの卓見が発表された後になって、これには触れることなく精神因子を脳化係数や余剰ニューロンという言葉に置き換えて自分の論文に取り込んでいる学者がいると述べています。

ここで藤田氏の著書『心を生んだ脳の38億年』[28]を引用して、魚類から霊長類までのスネルの精神因子で比較することにします。比例定数pは体重に関係しない脳の大きさを表す指数であり、体重1グラム当たりの脳の重さに相当します。これでは数値が細かすぎて比較しづらいので、人間の体重60 kgに換算して比較しています。体重60 kgに換算し

表2.1 | スネルの精神因子P（体重60 kg換算の脳重量（g））

動物の種類	精神因子 P	動物の種類	精神因子 P
①魚類		ウシ（ホルスタイン種）	153
ウナギ	3.27	シカ	169
マグロ	15.5	ネコ	173
ニジマス	16.9	ライオン	173
電気エイ	23.5	ウマ	178
		イヌ	203
②両生類		ゾウ	254
食用ガエル	10.5	イルカ	291
ガマガエル	23.5		
		⑤霊長類	
③爬虫類		ツパイ	129
ステゴサウルス（恐竜）	6.9	始新世キツネザル	114
ティラノサウルス（恐竜）	8.5	始新世メガネザル	149
ミシシッピーワニ	6.27	ネズミキツネザル	176
イグアナ	7.4	キツネザル	226
イシガメ	9.54	プロコンスル	363
トカゲ	13.1	チンパンジー	484
		アウストラロピテクス	583
④哺乳類		ホモ・ハビリス	755
原始哺乳類	42〜85	ホモ・エレクトゥス（ジャワ原人）	992
ヨーロッパハリネズミ	71		
ラット	79	ホモ・エレクトゥス（北京原人）	1212
トガリネズミ	87		
クマ	131	現代人（ホモ・サピエンス）	1374

藤田哲也『心を生んだ脳の38億年』（岩波書店，1997より）

たときの脳重量をスネルの精神因子を大文字のPとしますと、Pはそれぞれの動物の比例定数pに６０００００に3分の2乗（１４２４）を掛けると求められます。

スネルの精神因子Pを魚類、両生類、爬虫類（恐竜を含む）、哺乳類（霊長類以外）、霊長類について示します（表２・１）。これによると現生している魚類はPが３・２７～２３・５の範囲にあることが分かります。この脳のサイズは人間ほどの大きさの魚でも小指か親指ほどしかないきわめて小さなものです。

しかも驚いたことには、この範囲に両生類や爬虫類、さらに恐竜までもが入っていることです。海から陸への進出は動物の進化の歴史上で重大な出来事です。鰓呼吸から肺呼吸へと呼吸系に一大転換が起こり、しかも水中から重力のある陸上へ進出するために、ヒレを四肢につくり変えて四足歩行を行うような劇的な進化をしているのです。それにもかかわらず、脳サイズにはなんの変化も認められません。恐竜はおよそ2億年前から絶滅する６５００万年前まで地球全土で繁栄を謳歌していたが、その繁栄を支えたものは脳ではなかったのです。

哺乳類の飛躍

脳の拡大が始まったのは哺乳類の登場からです。初期の哺乳類はおよそ2億年前に出現したが、ネズミくらいの大きさしかなく、変温動物（冷血動物）の恐竜が活動できない夜間に行動したために夜行性でした。人類につながる初期の霊長類は、恐竜が絶滅する500万年前に夜行性の哺乳類から分岐して出現しています。初期の霊長類はリスやネズミに似ており、樹間を動き木の実や昆虫を採食していたようです。

6500万年前に巨大隕石の衝突による衝撃や、それに続く低温化による環境変化に対応できない恐竜などの大型動物は絶滅したが、哺乳類など小型の動物はかろうじて隕石による被害を免れました。哺乳類が繁栄したのは恐竜が絶滅してからであり、天敵の存在が長く哺乳類の進化を阻んでいたのです。

霊長類を除く哺乳類についてスネルの精神因子Pをみると、ラット79、ウシ153、ネコ173、イヌ203、ゾウ254、イルカ291であり、イルカに至っては恐竜のティラノサウルスの8・5の30倍以上にもなっています。なぜ哺乳類の時代になって脳が大きくなったのか、この原因は分かっていませんが、私は哺乳類が恒温動物（温血動物）であることと、胎児期や乳汁が関与していると考えています。

潜在的に大きな脳をもっている哺乳類が、どうしてはるかに知能の劣った恐竜に対抗することができなかったのでしょうか。巨大で粗暴な恐竜にはとても抗えず、穴倉に身を潜めて時節到来を待つ以外にはなすすべがなかったのでしょうか。もっとも恐竜が滅んだ原因に哺乳類が恐竜の卵を食べ尽くしたという説があります。このような考えの背景には、ほとんどの恐竜が卵を産みっぱなしにしたのに対し、哺乳類が安全な胎内で子を宿し、乳で育てて繁栄したことが挙げられます。

暴走する人類の脳

哺乳類の中で最も目覚ましい脳進化を示したのが霊長類です。霊長類はアフリカで進化したが、熱帯樹林帯が拡大した3500万年前から2500万年前に類人猿が出現し、その後飛躍的な繁栄をします。

初期のサルから現代人に至るまでの脳容積が拡大する様子をスネルの精神因子Pで概観します。キツネザル226、プロコンスル363、チンパンジー484であり、アウストラロピテクス583、ホモ・ハビリス755、北京原人1212、現代人（ホモ・サピエンス）は1374です。ここに示したプロコンスルは初期に出現した類人猿であり、その後人類はチンパンジーとの共通祖先から分岐しました。ここに表したPの値は現代人とチンパンジーを除くとすべて化石から推定されたものです。これを見ればいかに現代人の脳が巨大であるか、動物界に我が物顔に君臨している理由が分かります。このような異常な脳の拡大が起こった動物は人類だけであり、その原因はまったく分かっていません。

人類の起源

尾のないサルの類人猿（エイプ）の起源はアフリカであり、尾のあるサル（モンキー）との共通祖先から分岐して出現しました。現存する大型の類人猿にはテナガザル、オランウータン、ゴリラ、チンパンジー、ピグミーチンパンジーがいますが、初期人類がいつ彼らの共通祖先と分岐したかについて、進化を考える系統分類上の問題として関心が注がれてきました。これらの類縁関係を調べるには化石研究からだけでは限界があります。

そこで考え出されたのが分子時計という概念です。これは、ＤＮＡの変異は複製時のエラーによって発生することから、一定の速さで起こるという仮説の下に類縁性を比較するというものです。ＤＮＡの解析方法が確立されていない時代には、血液中のアルブミンやヘモグロビンなどのたんぱく質のアミノ酸配列から類縁性の評価が試みられましたが、ゴリラやチンパンジーとの差が小さく類縁性を評価できませんでした。なお、ゴリラやチンパンジーの染色体は48本で、それに対してヒトは46本と2本も少なくなっています。しかし、これはヒトの２番染色体の２本はチンパンジーの12番と13番の染色体の各２本が中央で融合したものであるためで[29]、実質的にはヒトと類人猿の間には染色体の違いはないということです。ただこの染色体の融合がいつ起こったか気になります。チンパンジーとの共通祖先から分岐したときか、あるいはそれよりもかなり後になって起こった可能性もあります。

その後ＤＮＡの解析が行われるようになりましたが、ゴリラやチンパンジー、さらに人類のＤＮＡが近似しており、分岐順位がはっきりしていませんでした。そこで、注目されたのが、あたかも独立した細胞であるかのように自己複製しているミトコンドリアのＤＮＡです。ミトコンドリアＤＮＡは宿主細胞に比べて複製速度が20倍も速く、その分だけ遺伝子の変異の差が大きく現れます。この遺伝子の解析から類縁性が比較されるようになりました。その結果、テナガザルの出現が２２００～１８００万年前、オランウータンが１６００～１３００万年前、ゴリラが１０００～８００万年前、チンパンジーと人類がそれぞれの共通祖先から分岐したのが６００～５００万年前、チンパンジーからピグミーチンパンジーのボノボが分岐したのが３００万年前ということになりました。その後、この分岐年代を巡って議論が起こることになります。

人類の起源をめぐる論争

人類の起源に相当する化石は長くミッシング・リンクと呼ばれ、進化の流れをつなぐ鎖の輪の一部が欠けた状態にありました。ところが、2001年になってフランスの古生物研究のグループが中央アフリカのチャド（ジュラブ砂漠、図2・2）の740～650万年前の地層から頭蓋骨と下顎骨、数本の歯の化石を発見し、これをサヘラントロプス・チャデンシスと命名しました。[1] この頭蓋骨の脳容量は300～350cc、口はチンパンジーのように突き出ていました。この化石が初期人類のものであるとされた理由は、脳が脊髄とほぼ垂直に結合していることが頭蓋骨の穴から推定されたために二足歩行の可能性があるということからです（図2・3）。

この数か月前にも、600万年前の人骨の化石オロリン・ツゲネンシスがケニアで発見されています。この化石は脚と腕の骨のほか頭蓋骨の破片などが発見されていますが、腕の形状は木に登っていたことを示しており、果たして二足歩行を行っていたか疑問視する声もあります。これまで、最古の人骨の化石は、エチオピア（ミドル・アワシュ）で東大の諏訪 元氏らが発見したアルディピテクス・ラミダスの440万年前のものと考えられていましたから、チャデンシスはこれを200万年以上も遡ることになります。果たしてフランスの調査班が発見した化石は人骨か、ということが議論されています。

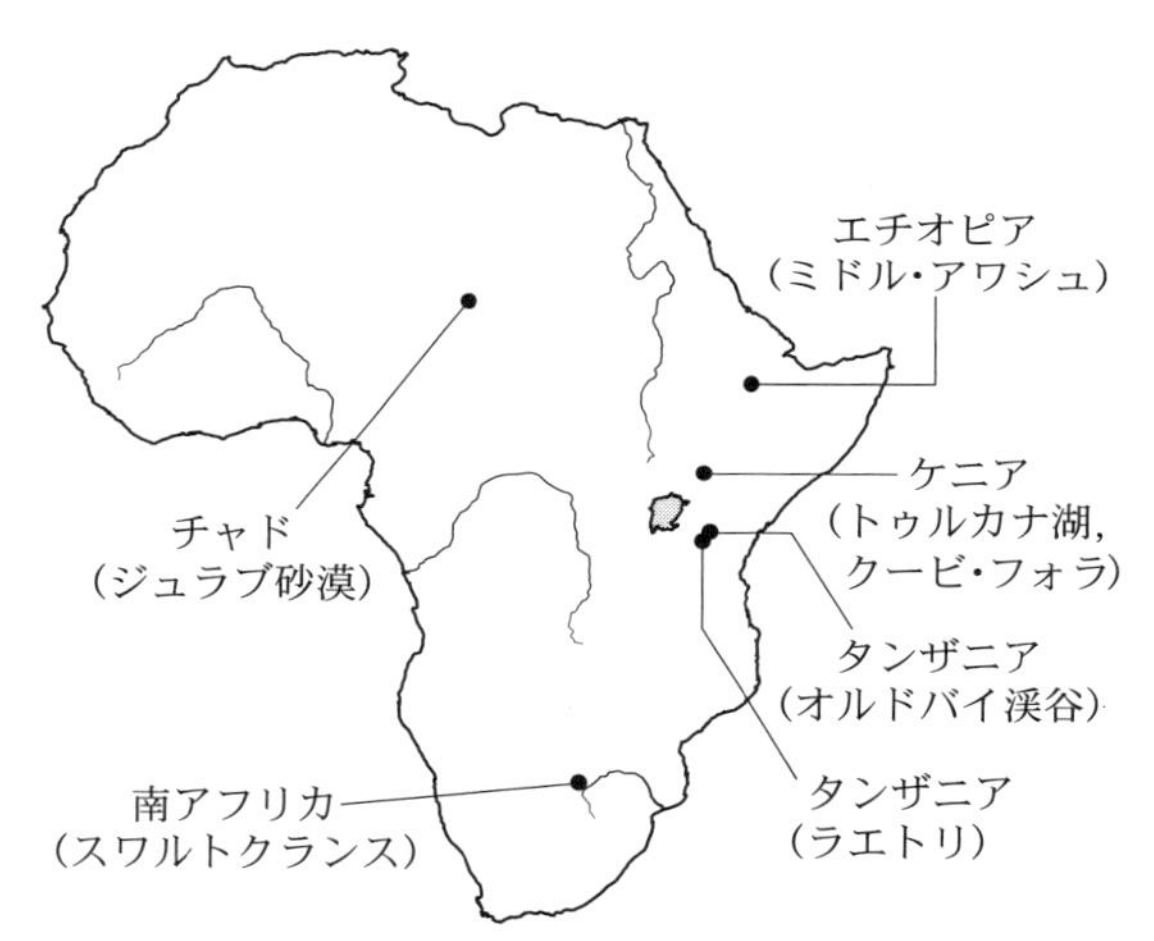

図2.2 | **初期人類の化石が発見されたアフリカ大陸の遺跡の場所**

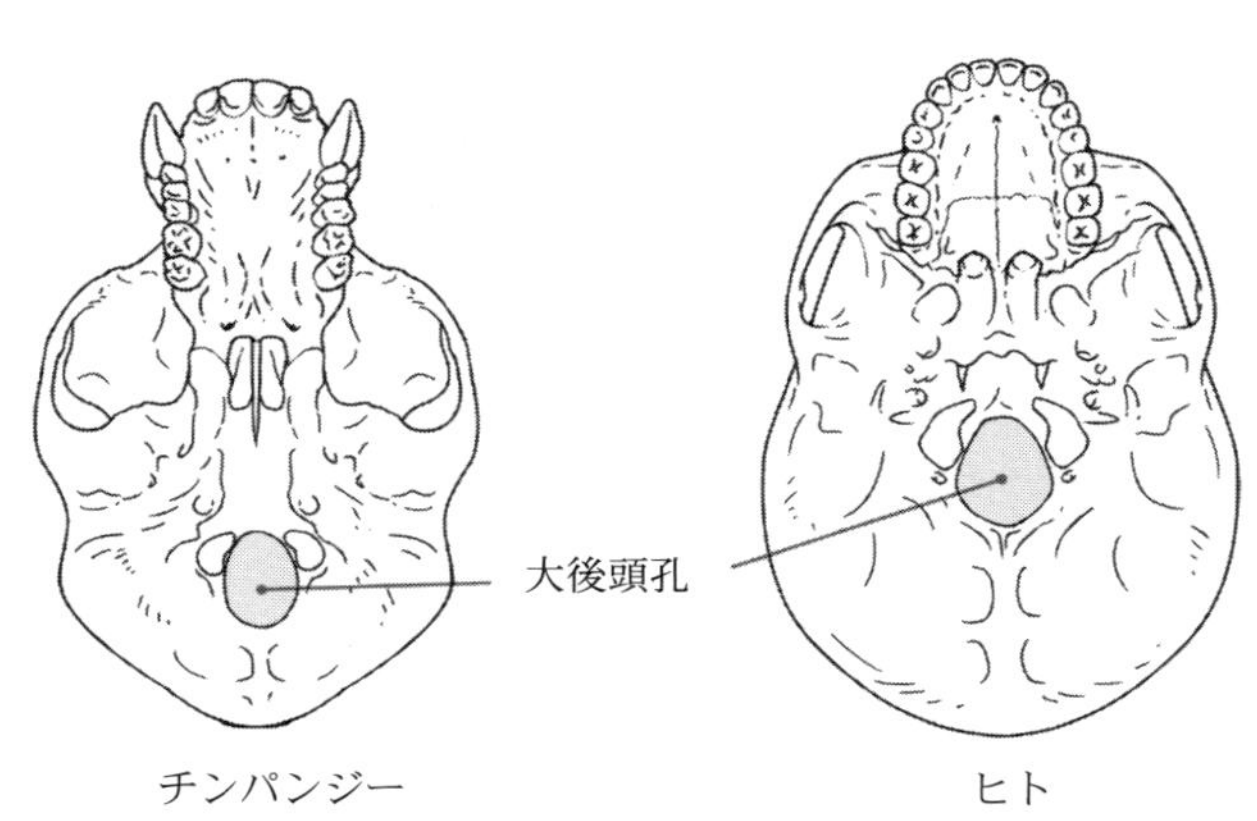

図2.3 | **頭蓋底の比較．大後頭孔は，脊髄の延長である延髄などが通るところ．**

分子生物学から推定した600～500万年前の結果と大きく食い違うからであり、これが事実なら遺伝子配列がヒトとチンパンジーでこれほどまでに近似するはずはないといいます。人類700万年史というタイトルの本も出ていますが、懐疑的な意見もあり[4]結着はついていません。

人類であることの証し

偶然掘り出した化石の断片をもってこれが人類の化石だと決定することは大変難しいことです。化石は読んで字の通り、骨が長い年月の間に微生物の作用や土壌中のミネラルと置き換わって、当初の骨とはまったく異なった石化したものであり、化石から検出されるDNAは、骨の有機物を分解した細菌由来が大部分を占めるといいますから[30]、遺伝子解析から人類の起源に相当する化石を決定することはとてもできそうにありません。そうすると、化石の解剖学的な特徴から初期人類のものであるかを見極めなければならないことになります。

そこで問題になるのが、何をもって初期人類の化石とするかという人類の定義です。

初期人類の条件

かつて、人類進化上の四大事件と呼ばれる要因の獲得順位が議論されています。四大事件とは、①大きな脳、②地上生活の確立、③直立二足歩行、④道具の開発などの文化的進化でした。20世紀の初期までは樹上生活時代から人類の脳は大きかったということが考えられていたようですが、その後の化石研究により人類の脳容積の拡大はかなり後になってから起こったことが分かってきました。そのため、地殻変動による気候異変で森が消えてサバンナでの地上生活を余儀なくされます。そして、四足歩行からやがて二足歩行へと移行し、両手が自由になり垂直に立ったために、大きな脳を支えることが可能になり、脳が大きくなったということが定説化されてきました。

結局、初期人類の化石であることを証明する根拠は、直立二足歩行を示す化石ということに落ち着きました。また、人類は他の類人猿に比べて犬歯が極端に小さいことから、二足歩行に加えて小さな犬歯が初期人類の証しとされてきました。

怪しくなったサバンナ仮説

なお、先の四大事件の獲得順位は結着がついていません。それは地上生活と二足歩行はいずれが先かという課題です。

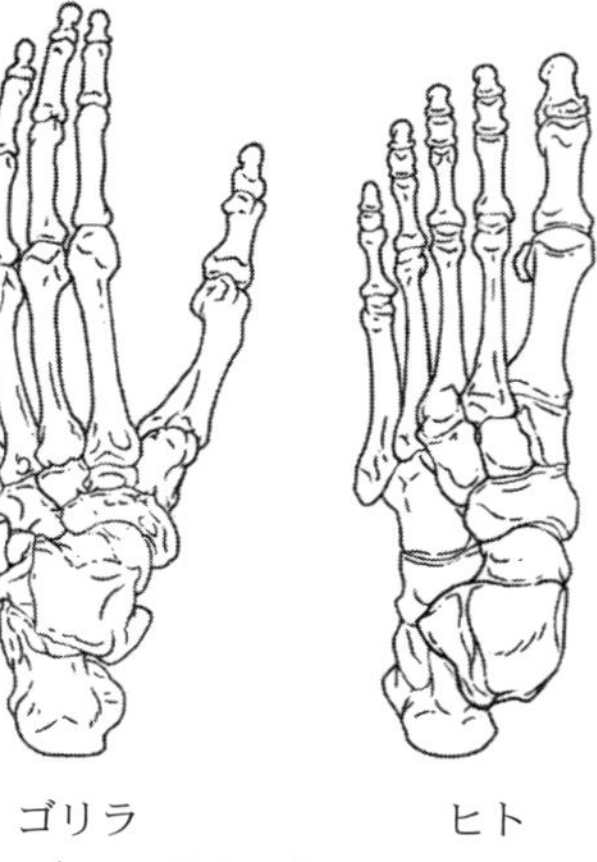

図2.4 | 足の構造の違い．ゴリラの足は親指と残り４本との間に対向性がある．

アルディピテクス・ラミダスは、森林に暮らしていたことが分かっており、直立二足歩行の能力を獲得しているものの、足の指は手の指と同じように親指と残り４本との間に対向性があり、樹上生活時代に二足歩行を獲得していたことになります。また、７００万年前の初期人類の化石とされるサヘラントロプス・チャデンシスがいた時代は、森林と水辺がある環境であったといいます。これらが事実であれば、東アフリカで始まった大地溝帯（グレートリフトバレー）の地殻変動によって熱帯樹林が東西に分断され、乾燥化が進んだ東側のサバンナへの進出を余儀なくされた初期人類が、四足歩行から二足歩行に移行したというサバンナ説（イースト・サイド物語）は旗色が悪くなってきました。

二足歩行の起源

そもそも二足歩行と四足歩行では骨盤からして大きく異なります。四足歩行の動物の

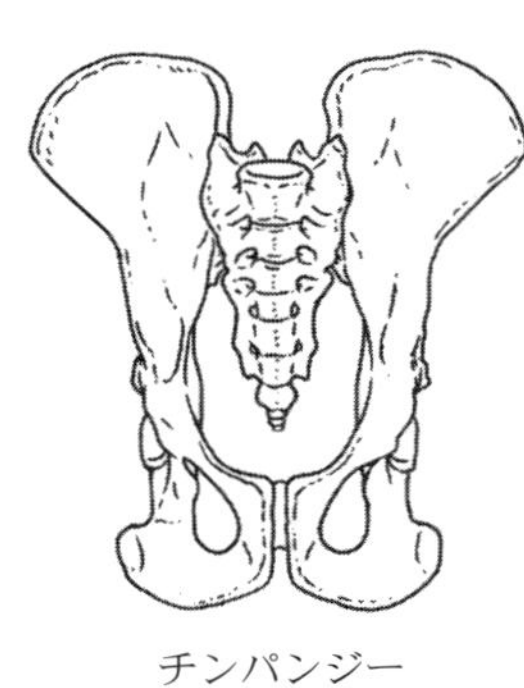

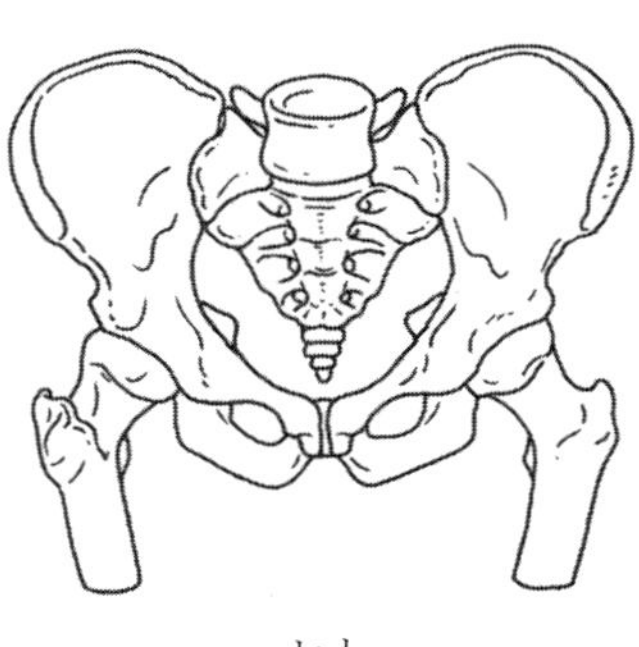

チンパンジー　　　　　　　　ヒト

図 2.5 ｜ 骨盤の比較

骨盤は、二足歩行の人類に比べてはるかに小さいことが指摘されています。[31] 二足歩行をするためには、なによりも小腸や大腸など内臓を支えるための広いお椀型の骨盤が必要なのです（図２・５）。樹上生活時代から人類の祖先は上半身を起こして生活していたのであり、二足歩行の下地はこの時代に確立していた可能性があります。すなわち、二足歩行は唐突に起こったものではなく、ごく自然に適応した結果のように思われます。

なぜ人類は二足歩行を選んだのでしょうか。ランニングマシンを使ってチンパンジー５匹と４人の人間で同じ距離を移動したときの消費エネルギー量を比較したところ、二足歩行に比べて四足のナックル歩行は４倍のエネルギーを消費したといいます。[4] しかし、現代人の洗練された二足歩行とチンパンジーのナックル歩行を比較してもあまり意味はないかも

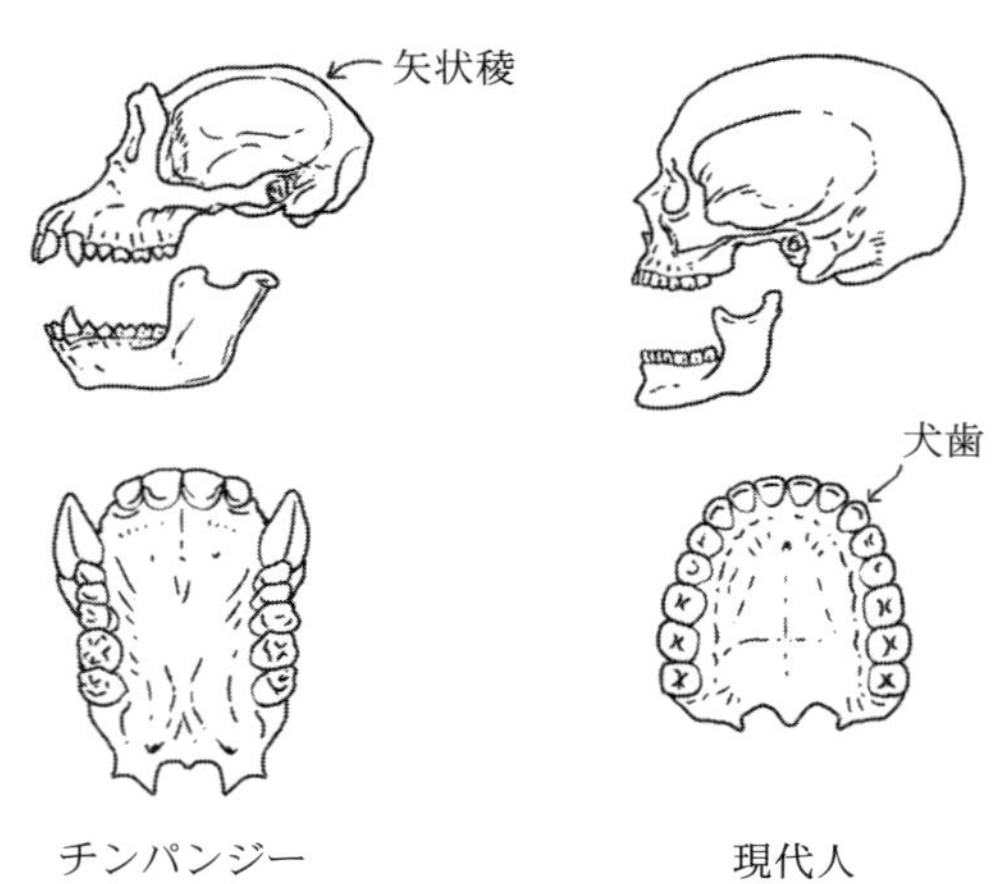

図2.6｜頭蓋骨（上）と歯（下）の比較

しれません。土踏まずのない初期人類の二足歩行は長距離に耐えず、ぎこちないものであり、エネルギー消費はむしろナックル歩行の方が低かったかもしれないのです。

初期人類は、林間を移動するうちに次第に歩行機能を向上させて、寒冷化による草原の拡大を契機に意を決してサバンナに進出した可能性があります。

犬歯の小型化

化石研究で人類の証しとされるものは、二足歩行に並んで小さな犬歯があげられます（図２・６）。このいずれかが証明されれば人類の化石とみなされています。人類の犬歯がいつから小さくなったのかははっきりしていないが、４４０万年前のラミダスは犬歯が小さくなっていることから、二足歩行の開始とほとんど同時に起こった可能性があります。犬歯が小さくなった原因として、リチャード・リーキーは、著書に小さな種実をすり潰すのに長い犬歯が邪魔になったためであると述べています[32]。しかし、ラミダスは樹林ないし疎林に生活していたのであり、主食は果実で、サバンナに特徴的な草本科の種子は手に入らなかったと思われます。

犬歯はメスの取り合いでライバルを威嚇するための武器です。チンパンジーの発情期は1か月と長く、この間にメスは複数のオスと交わります。これは、オスから嬰児が殺されることを防ぐためのメスの戦略であるといいます。ゴリラのメスは少なくとも産んだ嬰児の一頭をオスによって殺されているという報告[33]もあります。

鋭い犬歯をもつ類人猿は、オスとメスの体格差が大きく、チンパンジーではオスが55kgに対してメスは35kgとオスがメスの1・6倍もあります。ところが、類人猿では例外的に一夫一婦のテナガザルでは雌雄の体格差は小さくオスの犬歯も小さいといいます。ラミダスも雌雄の体格差が小さく犬歯も小さいことから、この時代にすでに一夫一婦性が芽生えていたことが考えられます。二足歩行は自由になった両手で家族に食物を運ぶことを暗示させることから、犬歯の小型化と連動して起こった可能性があります。

立ち上がったサル（猿人編）

人類は７００〜５００万年前にアフリカで類人猿から分岐して出現しました。その後の人類の進化の流れを便宜上、猿人、原人、旧人、新人の四つに区分していますが、これは日本独自の方法であり、国際的には通用しないようです。[31] しかしこの区分は人類の進化の流れを大局的にとらえるのに都合がよいため、ここでは頻繁に用いています。各区分の時代と代表的な人類をあげておきます（図２・７）。

猿人は７００〜１２０万年前であり、棲息地はアフリカです。猿人の化石はアフリカ以外からは見つからないために、人類の起源はアフリカということになります。代表的な猿人はこれから述べるアウストラロピテクスです。

原人は２００〜20万年前に生存し、代表的な原人はホモ・エレクトス、世界各地で展開していました。

旧人は、60〜3万年前、代表的な種はホモ・ネアンデルターレンシスです。

新人は20万年前から現在に続いているホモ・サピエンスです。地球の寒冷化によって熱帯樹林から乾燥したサバンナへの進出を余儀なくした初期猿人から、現在に至るまで

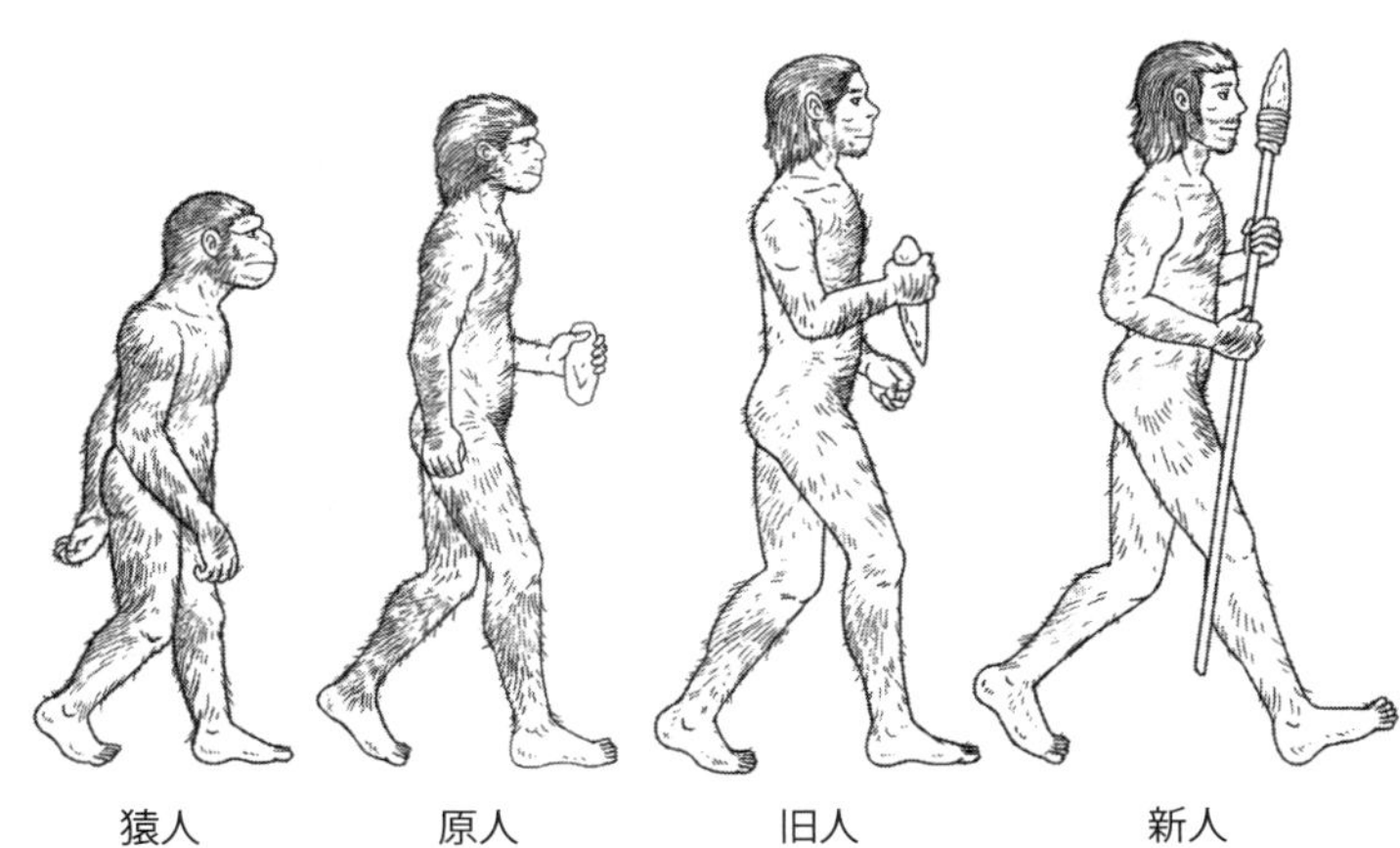

図2.7｜**人類進化の区分**

に27種の人類が出現しましたが、なぜか現存しているのはホモ・サピエンスただ一種です。

立ち上がった厚い体毛の寸胴な人類

地上に降りたひ弱でのろまな人類は、食べられるものはなんでも食べて、歯のエナメル質を厚くさせ、難消化の成分を分解するために、消化器を拡大させて腸内細菌にその処理を委ねました。そのため、体はより一層寸胴になりました。短足で腕の方が脚よりも長く、体は厚い体毛に覆われていました。そして、日中は日陰で潜み朝夕に行動しましたが、行動範囲は限られていました。猛獣に猛禽類、厳しい自然環境は夫婦の絆を強めたと思われます。猿人を代表するアウストラロピテクスは一種のハーレム社会を形成していたという指摘があります。[34] しかし、オスが他のライバルを威嚇してハーレムをつくるためにはなによりも大きな犬歯が必要ですが、猿人のオスにはそれがありません。

チンパンジーとあまり変わらない大きさの脳しかもたない猿人にとって、サバンナの生活がいかに過酷なものであったか。南アフリカのスワルトクランスの洞窟（図2・2、39ページ）の180～100万年前の土壌から動物の骨に加えて人類の骨が多数発見されています。これはヒョウが獲物をかき集めて食い散らかした跡だとされています。寒さを避けて洞窟にやってきた猿人をヒョウが襲い、さらに奥に運んで食べたのです。獣に食われた猿人と原人の化石が残されていますが、その数は猿人が126体に対してホモ属が6体分だけでした。また、この洞窟から発見される動物の化石はカモシカやシマウマなど多くの種類がありますが、中でも猿人の骨は多い方だといいます。[35] この時代は原人中心と思われるが、この洞窟の悲惨な現実は、相当数の猿人が原人と共存していたことと、いかに猿人が非力であったかを物語っています。猿人にとってサバンナはハーレムをつくるような悠長な環境ではなかったのです。

確かな一歩

初期の猿人は土踏まずをもたず、歩き方もぎこちなく、とても長距離を歩くことはできなかったが、やがて土踏まずを獲得して歩行の効率を高めました。その猿人は次第に地上での生活を確かなものにし、３７５万年前には両親と子どもを連想させる３人の力強い足跡をタンザニアのラエトリ遺跡（図２・２、39ページ）に残しています。この奇跡ともいえる人類の足跡を発見したのはメアリー・リーキーですが、その息子のリチャード・リーキーは、足跡を残したこの火山灰は水分を含んだ後で乾くとセメントのように硬化する成分を含んでいることや、子どもがスキップを踏んで歩く様子を著書『人類の起源[36]』に記述しています。

まるで類人猿そのもの

アウストラロピテクスを代表とする悠久の猿人の時代に、人類は脳を拡大することもなければ道具をつくることもなく、体は相変わらず厚い体毛に覆われ、むしろチンパンジーよりもエナメル質が厚くて大きな臼歯をもち、体は一層寸胴になりました[37]。多くの研究者が二足歩行の目的が道具を開発することにあると考えていましたが、彼らは数百万年間一つの道具も作ることはできなかったのです。このあまりに長すぎる猿人の時代は、人類進化においてどのような意味があったのか、この長い眠りはある日唐突に破られるのです。

勝者と敗者

アウストラロピテクスのなかで、大きな臼歯をもつ頑丈型と華奢型と呼ばれる比較的小柄なタイプが出現しています。これは木の葉を主食とするゴリラと軟らかい果実を食べるチンパンジーのように、頑丈型は消化されにくい木の葉を主食として消化器を拡大させ、華奢型は栄養価が高く比較的消化されやすい種子や根菜を主食にしているためです。このうちでホモ属に進化したのは、一見ひ弱な華奢型の方とされていますが、その評価は早計かもしれません。なぜなら地球で起こった生物の進化の歴史は、連続的なものではなく突発的なものであったように、人類に起こった進化もまた唐突なものであり、体型や頭蓋骨は食物の種類や内容が変わることにより容易に変化するからです。

長い猿人の時代の末期になると、脳容積は拡大しないものの脚の方が腕よりも長くなり、簡単な石器をつくったと思われる化石が発見されています（アウストラロピテクス・ガルヒ）。これまでの猿人は脚よりも腕の方が長いモンキー型であったことから、これは大きな変化です。たとえば足の長さを１００とすると腕の長さは、チンパンジーがおよそ106、ゴリラ113、テナガザル130に対して現代人は70です[38]。この化石からは頭蓋骨が発見されていないが、大きな臼歯をもつ脳容積400ccのアウストラロピテクス・ガルヒと同系統と考えられています[35]。この化石は猿人からホモ属、サルからヒトへの転換点に位置することから注目されます。

サルからヒトへの大転換（原人編）

猿人の時代の末期になると、さまざまなタイプのアウストラロピテクスが出現しました。これらの中のごく一部の集団から突如石器をつくり、脳容積の拡大が始まった人類が出現しました。これをホモ属と分類しています。ホモ属に進化しなかった猿人はその後もホモ属と共存していたが、100万年後にはすべて姿を消しています。

最古のホモ属とされた化石 KNM-ER 1470の年代は290万年前とされていたが、長い科学的論争の結果200～190万年前ということで決着しました（10年論争[35]）。この論争は化石の年代測定の難しさを物語っています。

図2・8の KNM-ER 1813は KNM-ER 1470とほぼ同じ年代の地層から見つけられた頭蓋骨です。当初、両者は雌雄の違いではないかと考えられたが、脳容量に大きな違い

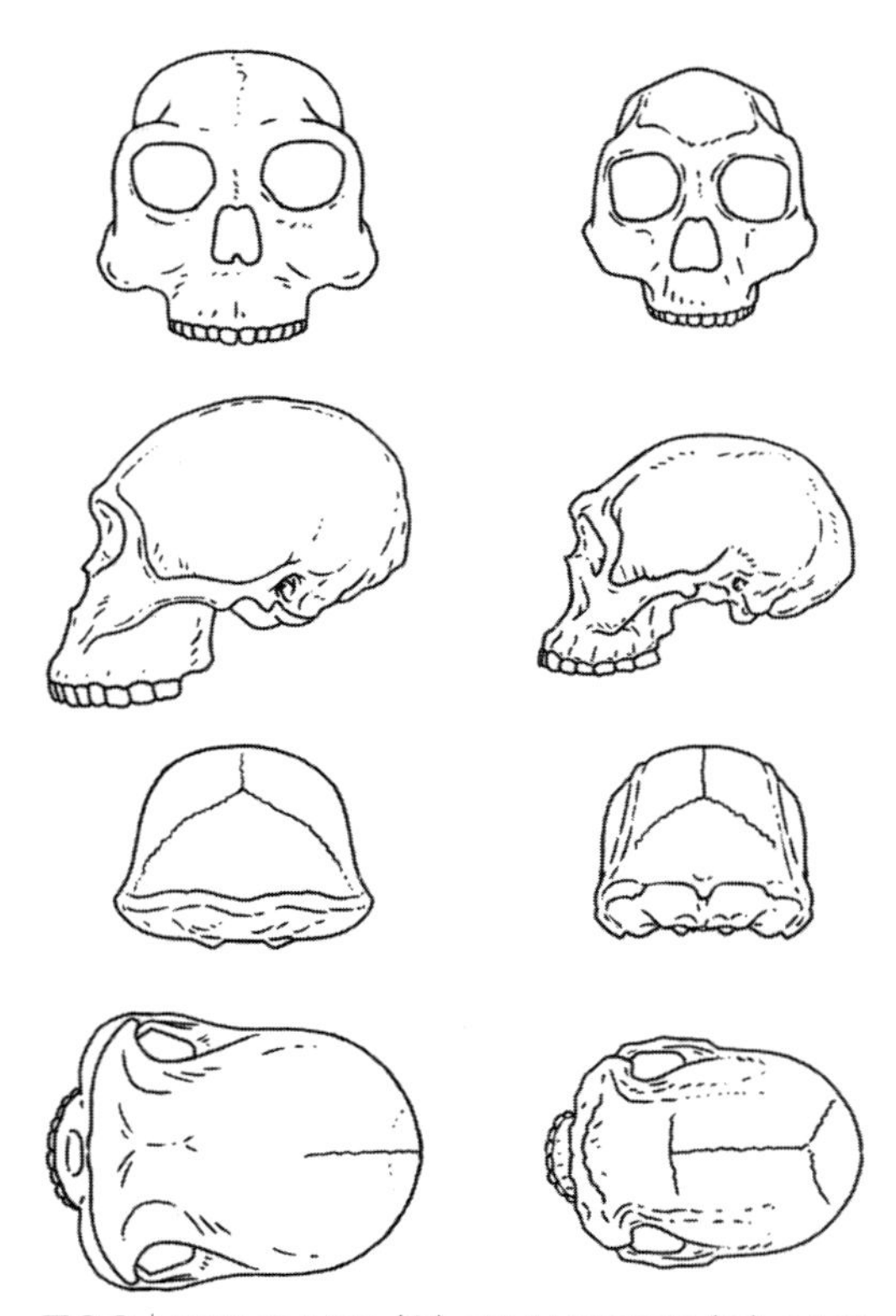

図2.8 ｜ KNM-ER 1470（左）とKNM-ER 1813（右）の化石

があることからまったく異なった種であることが明らかになりました。人類は一本の線で進化したという単一種説が長く支配していたが、この発見以降さらに複数の種が見つけられ、この説は姿を消します。その後、KNM-ER 1470は紆余曲折を経てホモ・ルドルフエンシスからケニアントロプス・ルドルフエンシスに改名され、KNM-ER 1813は最小の脳容量をもったホモ・ハビリスとされています。

先の腕よりも足の方が長くなった猿人の化石（アウストラロピテクス・ガルヒ）も限りなく２００万年前に近いものと思われます。アウストラロピテクスの脳容量は４００ccでほとんどチンパンジーと変わりがなかったのですが、およそ２００万年前から脳容積が拡大し、人類はその後の２００万年間に脳容積を3倍に拡大させることになります。

連鎖的急進化

人類に起こった進化は脳の拡大だけではありません。むしろ、脳の進化こそ２００万年間を要したが、その他の体に起こった変化は電撃的でした。

歯が大型から小型に急速に変わります。腰にくびれのない寸胴な体型が、腰にくびれができスマートな体型になります。体型の変化は消化器がコンパクトになったためで、それまで大きな消化器を支えていた広い骨盤の必要がなくなります。そのため、骨盤が

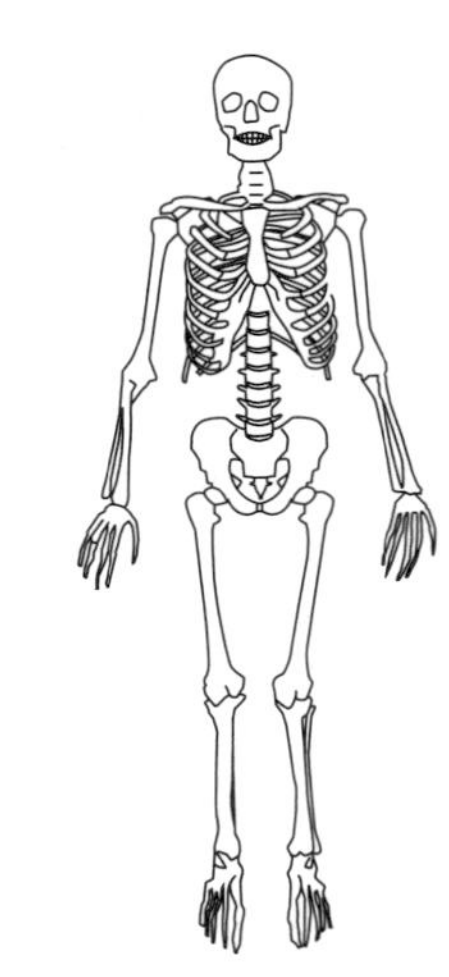

図2.9｜骨格の比較

狭まり、がに股で歩いていた二足歩行機能が格段に進化し、下肢が著しく長くなりました。厚い体毛は姿を消して、汗腺が発達し、皮下脂肪も増えました。また、頭蓋骨の解析からアウストラロピテクス属には見られなかった言語中枢が脳に出現し、コミュニケーションの萌芽が現れてきました。[28] これら一連の変化は短期間に電撃的に起こったもので、連鎖的急進化とでも呼べる現象です。これらの急進化はアフリカで起こったものです。

驚愕の大発見　トゥルカナボーイ

これらの急進化を裏付ける化石が発見されています。1982年にリチャード・リーキーが率いるグループがケニアのトゥルカナ湖畔（図2・2、39ページ）から、およそ160万年前のほぼ全身像を示す一人の少年の化石を発見しました。当初は11歳の少年とされていましたが、リーキーはその後9歳であると訂正しています。[32] 現代人よりかなり早熟で身長は160cm、大人になるまで生きていれば185cmくらいにはなったであろうと推定されています。この少年の骨格を図2・9に示しましたが、脳容積こそ900cc足らずと猿人の2倍ほどであるが、その他の特徴は現代人とほとんど変わりがないことが分かります。この短期間に電撃的に起こった連鎖的急進化は、一定の速度で規則的に変異するという分子時計の概念や、環境適応、あるいは自然淘汰といったこれまでの進化の概念では説明できない異質なものであるといえます。200万年前に何が人類に起こったのか、これこそがこの本を書いた最大の目的です。これについては後章で詳述します。

原人からホモ・サピエンス

初期ホモ属が出現してからホモ・エレクトスまでの人類を原人と呼びます。先のトゥルカナボーイもホモ・エレクトスの仲間です。エレクトスは180万年前に出現し、これらの仲間からアフリカを脱出するものが現れるようになります。アフリカ以外で人類の化石が見つかるようになるのはこれ以降です。人類が出アフリカを断行した理由は決して冒険心からではありません。彼らが道具を開発した理由と同じように食物を得るためです。地球は700万年前になると寒冷化により乾燥化が進み、ホモ属が出現する頃には10万年周期で氷河期が訪れ、人類に苦難の試練をもたらしました。氷河期はおよそ8万年続き、2万年ほどの間氷期の後に再び氷河期が人類を襲いました。このようなスケールの大きな気候変動は、地球の公転軌道が真円から楕円へと周期的に変わることによるという説があります。[39] 現在の間氷期も1万数千年続いたことから、いつ氷河期の兆候が表れてもおかしくはなさそうです。

氷河期には海から蒸発した水が雪となって大陸に大量に降り積もり、3000〜4000mの高さの氷河をつくりました。そのため海面は次第に後退し、最大130mまで海面を低下（海退現象）させました。その結果、広大な大陸棚が海面から姿を現し、大陸が拡大しました。

海退現象により大陸が陸続きになり、寒冷で乾燥した気候下で低地は草原が広がり草食動物が繁栄しました。氷河期は人類にとって過酷なものでしたが、道具を開発して狩猟技術を獲得していた人類は、むしろこれを好機として世界各地に拡散します。ジャワ原人や北京原人がその例です。

およそ50万年前になると旧人と称されるハイデルベルグ人が出現し、40万年後にはハイデルベルグ人からネアンデルタール人（ホモ・ネアンデルターレンシス）が出現して、中東からヨーロッパ全域に拡散します。世界各地に展開していた原人は３万年前までに姿を消し、ネアンデルタール人もほぼ同時期には完全に姿を消しました。

ホモ・サピエンスの起源をめぐる熱い論争

それでは我々現世人類はどこから来たのか。これまで化石中心の研究者は、１８０万年前に出アフリカしたホモ・エレクトスが世界各地に拡散して原人やネアンデルタール人になり、これらがそれぞれ各地で現在展開している民族になったという多地域進化説を考えていました。

ところが、１９８７年になって遺伝子解析からのアプローチがあり、様子が一転してきます。１４７人の現代人のミトコンドリアＤＮＡを解析して、現世人類のルーツ探しが行われたのです。ミトコンドリアＤＮＡは母親の遺伝子だけが子孫に伝えられる母系遺伝子であり、変異を過去に遡って解析した結果、現生人類は肌の色に関係なく、およそ20万年前の一人の女性に集約されることになったのです（ミトコンドリアイブ説）。現生人類は20万年前に、エチオピアのある地域に生活していた千人ほどの集団（ホモ・ハイデルベルゲンシス）から分岐して出現し、８～６万年前にアフリカを脱出したホモ・サピエンスが世界各地に拡散したもので、それまで各地で展開していた原人やネアンデルタール人とは直接の関係はないという単一地域起源説が出てきました。このことは男系の遺伝子であるY染色体の解析からも支持されています。現代人の遺伝子がチンパンジーに比べて多様性がないのはこのような短い歴史が関係しています。

多地域進化説派と単一地域起源説派との間で激しい議論が交わされたことは想像に難くありません。10年ほど前に名古屋で行われた学会で、ある男性が基調講演の合間の休憩時間に激しい抗議を行っている場面に出会ったことがあります。彼は学会から罷免されたとして抗議しているのでした。論争の経緯はよく分かりませんが、ネアンデルタール人とホモ・サピエンスとの交配を繰り返し論じていましたから、多地域進化説と単一地域起源説の論争ではなかったかと考えています。この抗議の場面を間近に見た私のゼミ生も少なからず衝撃を受けたようです。人類学研究の難しさと研究者の恐ろしいほどの執念を見た思いでした。

歴史学者のイアン・モリスは、彼の著書に次のように書いています。「初期人類を研究する古人類学者は、歴史家にも増して論争好きだ。彼らの研究分野は歴史が浅く、新発見が現れては既定の事実を覆す。二人の古人類学者を部屋に招き入れれば、人類の進化の理論を三つずつ紹介してくれるだろうが、どの理論も二人が部屋を出る時には時代遅れになっている」[40]。

新たな展開

これまではミトコンドリアDNAの解析から、人類進化の系譜が追及されてきたが、2006年に入って技術革新が進み、核DNAの解析も可能になってきました。そして、3個のネアンデルタール人の化石に含まれているDNAの60％が解析され、現代人との類縁性が調べられました。その結果、アフリカ在住の人々との類縁性は低いが、ヨーロッパ人や東アジア人は1～4％の比率で、ネアンデルタール人の遺伝子を共有していることが分かったといいます。核DNAの解析から、ネアンデルタール人とホモ・サピエンスの各祖先は60～80万年前に分岐して出現し、ネアンデルタール人はその後一足早くユーラシア大陸に進出しました。ホモ・サピエンスは8～6万年前に出アフリカし、各地に拡散する過程で先に進出していたネアンデルタール人と一部交配し、アフリカにとどまったホモ・サピエンスは交配の機会がなかったということで説明されています[31]。

これが事実だとすれば、現生人類の起源は20万年前に出現した単一地域起源説で大きな誤りはありませんが、途中で一部にネアンデルタール人との交配があったということになります。ネアンデルタール人については数多くの化石や資料が発見されているだけに思い入れの強い研究者が多いようです。しかし、これまでに数万人もの世界中の人々のミトコンドリアＤＮＡが調べられており、いずれも単一地域起源説を支持しているというこの矛盾はどのように克服するのでしょうか。ホモ・サピエンスのオスはネアンデルタール人のメスとは交配しなかったが、サピエンスのメスはネアンデルタール人のオスと交配したということになるのです。まさかこれが、ネアンデルタール人が滅んだ原因になったということはないでしょうが。

また、これまでの定説を覆す発見がありました。２００８年にシベリアのデニソワ洞窟で４万年前の人の親知らずと小指の先の化石が発掘され、その後遺伝子を解析したところ、現代人やネアンデルタール人とも異なる新種ということでデニソワ人と名づけられています[41]。

そして、デニソワ人の遺伝子はヨーロッパ人や東アジア人には含まれないが、東南アジアの先住民やパプアニューギニアやオーストラリアのアボリジニの人々に５％ほど認められるといいます。これらが事実であれば、はるか過去にネアンデルタール人やデニソワ人と現代人の祖先の間で交配があり、途絶えたと考えられていた遺伝子が受け継がれていることになります。多地域進化説を主張されてきた多くの研究者にとっては一矢報いたというところでしょうか。

ただ、古い化石は発掘段階ですでに他のＤＮＡに汚染されており、その解析は慎重であらねばなりませんが、それらを克服しての報告は賞賛に値します。今後も技術開発により新たな事実が明らかになり、これまで常識とされていたことがすべて塗り替えられる恐れさえ起こりそうです。

コラム

際限のない人類の欲望

人類は過去70年ほどの間に地球人口を3倍に増やして70億人を超え、あと40年もすれば間違いなく100億人に限りなく近づきます。世界の大河は干乾しになり、地下水の枯渇化は進んでいます。[42] 人類の凶暴に驀進する本性はどこから来たものか。先にも述べたように、ジャレド・ダイアモンドは、熱帯樹林で穏やかに暮らしていると思われるゴリラやチンパンジーの嬰児がオスによって頻繁に殺されていると述べています。[33] 人類の大量殺戮は類人猿本来のものか。

それにしても地球の歴史上で、単独の種でこれほど数を増やした動物も他には例がありません。人類のがむしゃらな行動は、自ら幕引きを早めているのではないかと案じられます。

第３章 大脳化の謎

人間の起源

前章で人類進化の流れを概観してきました。人類史上でエポックメーキングとでも呼ぶべき重大事件が二つありました。最初の事件は、５００万年前に人類がチンパンジーとの共通祖先から分岐して出現した出来事です。これを一般には人類の起源としています。

二つ目の事件は、およそ２００万年前に起こった猿人から原人の出現です。先の事件を人類の起源とするからには、後の事件を人間の起源とでも呼ばなければバランスがとれません。そもそも、原人は大脳化が始まったホモ属そのものにつけられた別称であり、ホモの意味はラテン語の人類です。私は、むしろ人類の起源をホモ属の出現をもってすべきと個人的には考えています。

なぜなら人類の起源は二足歩行を始めたということだけで、その後の３００万年間は脳の大きさや厚い体毛など、その他の生理的特徴はチンパンジーとさほど変わらなかったのです。それに対して二番目のエポックメーキングは、立ち上がったサルをヒトに変え、他のいかなる動物ももちえない人間性を生み出したのです。けものを人間に変えたものは大脳化であり、大脳化がその他のさまざまな進化を誘発させましたが、これについては後の章で解析します。問題は、何が大脳化をもたらしたのかです。２００万年前に人類に何かが起こったことは確かです。

２００万年前に何が起こったのか

チャールズ・ダーウィンとともに自然淘汰説をリンネ学会で発表（１８５８）したアルフレッド・ラッセル・ウォレスは、あまりにも知的で洗練されすぎている人間の出現が自然淘汰によって起こることはないと考えました。彼は、原始の狩猟採集民が知的さや洗練さを求めるはずはなく、自然淘汰が働く余地はないため、知的な人間の出現には何か超自然的な作用が働いたに違いないと考えたのです。ともに自然淘汰説を発表したウォレスがこのような考えをもっていたことを知ったダーウィンは衝撃を受けたといいます。[32]

２００万年前に突如始まった大脳化について人類学者はさまざまな想像を巡らしてきました。それらの中の主だった仮説について妥当性の評価を試みます。そして、脳のエネルギー代謝の観点から大脳化の要因について私からも大胆な仮説を提案します。

大脳化が軽視され、二足歩行が重視されてきた訳

人類の起源を考える前提として、何をもって初期人類とするかが重要な課題になります。20世紀前半までは、人類の特徴は大きな脳であり、脳が大きくなければ人類ではないという考え方が優先していました。ところが、ある事件が発覚してから、この考え方が一転して二足歩行を人類の起源とする考え方に変わったのです。そのため、大きな脳からありとあらゆる人間らしいもののすべてが、二足歩行を起点にして人類にもたらされたという考え方にシフトしてきたのです。

このように人類の起源に対する考え方が大きく変わった背景には、１９１０年頃にイギリスで起こった化石捏造のピルトダウン事件があります。イギリスのピルトダウンの砂利採掘場から民間人が偶然発見したという頭蓋骨を、当時の人類学の権威者が古代の

人骨と認めたことから、これが人類史研究最大の事件に発展しました。この古代の化石と称する代物は、現代人の頭蓋骨にオランウータンの下顎骨を組み合わせたまがい物でした。その他にもいくつもの巧妙な加工処理が施されていたために、権威者も偽装を見抜けなかったようです。この前代未聞の科学スキャンダル事件が、白日の下に曝されたのは1950年代に入ってからです。この重大事件が長い間研究者の判断を狂わせ、人類史研究を停滞させたのです。

人類学者がいともたやすくインチキ化石に騙された背景には二つの要因があります。その一つは、最初に発見された人類の古い化石は1856年にドイツで見つかったネアンデルタール人のもので、その後相次いで見つけられたネアンデルタール人の化石の脳容積はいずれも現代人よりもむしろ大きかったのです。人類の特徴として大きな脳、高度な知能ということが人々を洗脳したと考えられます。

もう一つの要因はダーウィンです。先にも述べたが、彼は1858年にウォレスとともに自然淘汰説を発表し、その翌年に『種の起源』[43]を、1871年に続編の『人間の由来』[44]を刊行しています。ダーウィンはこの続編の中で、アフリカからは人類の化石が発見されていない時代に、人類に似たゴリラやチンパンジーがこの地にいることから、我々の遠い祖先はどこよりもアフリカで棲息していた可能性が高いという推測を述べています。

人類学者を洗脳したダーウィンの誤説

ダーウィンの人類のアフリカ起源説まではよかったが、そのあとがいけません。彼は、人類の進化の様式として、他の動物にはない三大特徴の二足歩行と道具をつくる技術、大きな脳は一斉に現れ、これらはセットとして連鎖的に進化したという考え方を発表しました。さらに、石器やこん棒という武器が鋭く大きな犬歯の必要性を失わせ、犬歯も小さくなったと述べています。

このダーウィンの説に対してリチャード・リーキーは、類人猿が二足歩行を始めてから500万年後に道具の開発や大脳化は始まったのであり、道具をつくる技術や大脳化と二足歩行は無関係であると強く反論しています（注：リーキーは人類の起源を700万年前としています）。そして、ダーウィンの誤った説がその後、一世紀に及んで人類学者に影響を及ぼしたと述べています[32]。

人類の大きな脳は樹上生活時代からあったのではなく、二足歩行を始めてからかなりあとになって大脳化が始まったことが、その後の化石研究で明らかになります。そのため、次に出てきたのがサバンナ仮説です。地殻変動に伴う寒冷化により森が消滅してサバンナが広がり、人類は当初は四足歩行で移動していたが、次第に二足歩行を獲得していったとする説です。二足歩行を始めるに至った動機についても、オスがメスにペニスを見せつけるためといった奇抜なものから、捕食者に対する威嚇説や日射病対策説などさまざまな説が出されています。四足歩行から二足歩行の転換点をこれほどまでに人類学者が注目した背景には、二足歩行こそが人類に人間性のすべてをもたらした根源であると考えるようになったからです。そのため、大脳化の要因も二足歩行の中に埋没しました。二足歩行と道具の開発、さらに脳の拡大が相互に作用して知的な動物に進化したとする考え方が支配的になります。この考え方の根底にあるものはダーウィンの進化は唐突に起こるのではなく、自然選択によって少しずつ変わっていくという連続的進化説です[43]。

ところが、猿人から原人への転換点に起こった進化は、300万年間の悠久の猿人の時代を突然打ち破る電撃的なものであったのです（断続平衡説）。

アウストラロピテクスに平等な人権を？

チンパンジーとの共通祖先から分岐した500万年前から現世人類のホモ・サピエン

スが出現した歴史を概観すると、大きく前半と後半に大別できます。前半はアウストラロピテクス属を中心とする猿人の時代であり、後半はホモ属が出現する２００万年前以降の原人の時代です。猿人の時代の人類を特徴づけるものは二足歩行だけであり、脳容積は相変わらず小さいままで体は厚い体毛に覆われたサルそのものでした。これが、２００万年前になると大脳化が始まり、それと連動して人間らしい進化が連鎖的に起こります。２００万年前に人類に何が起こったのかについては後の章で解説します。ここで押さえておかなければならないことは、アウストラロピテクス属のごく一部の集団からホモ属が出現したのであり、その他の大部分のアウストラロピテクスは２００万年後も相変わらず立ち上がったサルの状態でした。やはり厚い体毛に覆われた小さな脳のアウストラロピテクス（パラントロプス）・ボイセイは、１００万年前までホモ属と共存していました。仮に、大きな歯と頭頂部に咀嚼筋を支えるための矢状稜（しじょうりょう）をもち、さらに突き出た顎のアウストラロピテクスが現存していたとすると、私たちは彼らを受け入れ、選挙権や公共施設の共有など、法的に平等な人権を与えるでしょうか。厚い体毛で覆われたチンパンジー並みの脳しかもたない彼らに、パンツをはかせるなど身なりを整え、義務教育を課し、公共施設を利用するルールを押し付けることは酷かもしれません。それどころか、いつあなたの子どもが襲われて彼らに食べられるか知れたものではないのです。猿人と原人との間にはそれほどの違いがあり、この分岐点こそ重視すべきなのです。

人類の起源をチンパンジーの共通祖先との分岐点に置いている理由は、たまたまこの類人猿が現存しているからにほかなりません。仮に、アウストラロピテクスが現存していたならば、やはりこの類人猿との分岐点を人類の起源とするでしょう。これは私の主観にすぎませんが、他の類人猿には見られない人間性は大脳化の開始とともに醸成されたもので、人間を人間たらしめるさまざまな生物的進化や文化的進化が大脳化の開始を起点に起こったのであり、人類の起源をこの大脳化の開始をもってしてもなんら差し支えないように思われます。人類に起こった大脳化はまさにサルをヒトに転換させた決定的な要素であったのです。大脳化が引き金になってさまざまな進化が連鎖的に起こりましたが、それに触れる前に大脳化についてこれまで指摘されてきたことを整理することにします。

樹上性と地上性から見えてくるもの

脳の進化に関連して社会脳仮説があります。[45] これは、霊長類の脳の大きさを生息場所や食べ物、あるいは集団の規模などとの相関から調べたところ、脳のサイズと棲息場所や食べ物とは何の関係も認められなかったが、集団の規模が大きいほど脳サイズが大きくなっているということから出てきた説です。それぞれの霊長類の脳の大きさは、集団の規模の大きさという環境に適応して定まるという考え方です。

しかしこれは、卵が先か鶏が先かという禅問答に近いものがあります。集団生活を維持するためには規模が大きくなるほどルールに基づいた統制が必要になります。脳のサイズが大きい霊長類は大きな集団を維持できるともとれるからです。脳が小さい霊長類が大集団をつくったとしたら、とても収拾がつかず、たちまち小さなグループに分解してしまう可能性大です。

マズローは、集団に関連して人間の欲求の五段階説（生理的、安全、帰属、承認、自己実現）を提案しています。一方、一般にいわれている人間の三大欲望に食欲、性欲、帰属意識がありますが、これはマズローが指摘している第一から第三段階の欲求に包含される根源的なものです。食欲はサバイバル、自己の生存であり、性欲は種の保存、帰属意識は群れたがる安全保障のようなものです。単独で行動するよりも集団で行動する方が生存できる可能性は格段に高くなります。

トナカイなど大集団で行動する動物は多く、それらの中に能力の劣ったグループが出現したとしても、やがて淘汰されて有能な集団だけが生き残るために、集団全体として脳容積が大きくなるという、ダーウィンの自然淘汰説が働く可能性はあります。

しかし、２００万年前にアウストラロピテクスの一部に起こった大脳化は唐突なものであり、連続的進化には該当しないものです。この時代の猿人は、せいぜい20匹程度で行動していたと考えられることから、自然淘汰が働く余地のないものでした。

集団の規模と脳の大きさは相関したとしても、原因と結果をどのように考えるかです。

頭を使っても大脳化は起こらない

社会脳仮説は、集団生活が相互に刺激しあって脳を大きくさせたとする考え方です。しかし、これを大脳化の要因に結びつけるには無理があります。どれほど頭を使っても、大脳化は起こらない例を熱帯樹林からサバンナに進出した猿人に見ることができます。食料にも事欠かない快適で安全な熱帯樹林での樹上生活は、ストレスも少なくなんの苦労もありませんから、チンパンジーは脳を拡大させる必要もなく悠久の時を刻んできたようにも受け取れます。ところが、地上生活を余儀なくされたひ弱な人類の祖先のストレスは想像を絶するものがありました。食べ物を求めてサバンナを当てもなくさ迷い、絶えず付け狙われる捕食者から身を守るために権謀術策を巡らし、眠っているときも気が休まることはなかったはずです。まさに天国と地獄。この地獄からはい上がろうと3

００万年もの間、頭を使って懸命に生きてきましたが、大部分の猿人には大脳化はついに起こらなかったのです。

脳のサイズが大きいことは潜在能力が大きいことを暗示させますが、その機能をフルに活用するか否かは個人の問題です。社会脳は脳の機能開発の問題であり、脳のサイズには直接的な影響を及ぼすことは考えられません。人類史５００万年の最後の数万年に、人類は農耕や牧畜を開発し、工業や文化などの大躍進を果たしてきたが、果たしてこの10万年間に脳サイズの増大があったかというと決してそのようなことは起こっていません。むしろ、やや小さくなったという可能性すらあるのです。

古典的大脳化仮説の限界

直立二足歩行だけでは大脳化は起こらない

直立二足歩行が人間に大きな脳をもたらしたとする考え方は広く浸透しています。これは、直立二足歩行が大きくなった脳を支えることを可能にし、二足歩行が両手を開放して道具の開発や食物の持ち帰りを可能にさせたことにより、指の運動が活発化して脳の拡大が促されたというダーウィンの連鎖的進化説の継承です。

これは、先に述べたピルトダウン事件の化石捏造の発覚後に出てきた説です。しかしこの二足歩行説は、大脳化がほとんど起こらなかった猿人時代の３００万年間の空白の期間を、合理的に説明することはできません。人類進化について最近の啓蒙書を数多く読んでみましたが、二足歩行が大脳化を促したことをにおわすものはあっても、さすがにそれを明記するものは見当たりません。しかし、二足歩行が大脳化の直接の要因ではないが、直立姿勢が脳の拡大や重くなった脳を支えるのに有利に働いたことはいうまでもありません。

それでは、自由になった両手が脳を拡大させたという考え方はどうでしょうか。

チンパンジーは、地上を歩くときは前肢は握りこぶしのナックル歩行ですが、四六時中四足歩行をしているわけではありません。ある調査によると、ナックル歩行による一日の歩行距離はせいぜい２００ｍ、長くても５００ｍといいます。残りの時間は腕を使って枝から枝へと移り、主食の果物を手で掴んで食べ、小さな昆虫をつまんだり、微妙な毛づくろいや寝床をこしらえたりもします。指は四六時中使っていますが、人間のように繊細な運動ができないのです。このことは、サバンナに進出した猿人も同じであり、長い間二足歩行を継続してきたが、数百万年の間、脳はほとんど拡大せず、指の機能はチンパンジーの域を出ることはなかったのです。人類が繊細な指の動きを獲得したのは大脳化が始まって以降のことです。大脳化が繊細な指の動きという潜在能力の道を拓いたのであり、繊細な指の動きが大脳化を促したのではないのです。

大脳化と発達の違い

ここで注意しておきたいことは、大脳化と脳の成長や発達という用語がしばしば混同して論じられていることです。大脳化は進化 evolution という次世代に引き継がれる遺伝的変異であり、脳の成長や発達は development という正常な成長過程や機能の発達を意味する遺伝とは関係のない個体の問題であり、両者はまったく異なるのです。もう少し具体的な例をあげると、ある個人が練習を重ねて名バイオリニストになったとしても、これは獲得形質であり次世代には伝わりません。これが成長や発達です。

最近、エボデボ（evo-devo）という用語があることを知りました。これは進化発生生物学の略語で、進化と発達を掛け合わせたような学問分野のことです。進化の過程（系統発生）と生物の発達（個体発生）の関係を調べる学問で、古くは個体発生は系統発生を繰り返すという学説に由来するとされています[46]。大脳化には機能の発達を必ず伴いますが、ここでは大脳化と発達は分けて考えたい。なぜなら、大脳化は２００万年前に突如始まり、数十万年前には脳容積の拡大はほぼ終息したが、人間を人間たらしめる高度な脳の発達は、ここ10万年前からのことであり、大脳化と最近起こった人類の大飛躍とは必ずしも連動しないからです。

脳の発達は使い方次第

人間には利き手がありますが、チンパンジーには利き手がなく両手が区別なく使われます。人間の利き手は道具の開発と関連しています。人間は左右いずれかの手で道具を扱い、片方の手を補助的に使うことが習慣化しています。この場合、頻繁に道具を使う手が利き手となります。道具をもたないチンパンジーは両手で枝を掴むなど、片方の手が特に細やかな運動を必要とする機会がないために、利き手は発達しないことによります。利き手の腕を失った知人がいましたが、彼はその後、残された腕で利き手と変わらぬ動作を訓練により習得しました。

人間は万能の潜在能力を秘めた１０００億個の神経細胞をもって誕生しますが、その後、使われない細胞は消えて頻繁に使われる神経細胞だけが増強されて脳が発達します。

人間は個性に富んでおり、それぞれさまざまな能力をもっています。刺激を受けない神経細胞は刈込みにより消滅し、頻繁に刺激を受けた神経細胞が他の細胞と連携を密にして強固な回路（シナプス）をつくり、能力を発揮させます。それでは、刺激を受けない脳は委縮するかというとそうでもなさそうです。楽をして暮らそうとするずるい人間もなかにはいますが、それなりに悪知恵のシナプスを発達させているのかもしれません。脳も使い方次第でどのようにもなる個人的な問題なのです。脳のシナプスは人によって大きな違いがあることは確かなようですが、各個人の脳について全宇宙にも匹敵する脳のネットワークの全貌を知ることは不可能です。いずれにしても、機能の発達が大脳化を促すということはなさそうです。

科学ジャーナリストのチップ・ウォルターは、親指やキスが人類を進化させたという本を出しています。[47]確かに指や唇など微妙な運動を可能にさせるのには、広大な表面積をもつ大きな大脳新皮質が必要であり、それを皺状に細かく折りたたんで収納するだけの大きな頭蓋骨が必要です。しかし、指や唇が大脳化を促したのではないのです。手先や唇を動かす鍛練が、脳のシナプスの回路をより機能的なものにして微妙な働きを可能にすることはあっても、それが大脳化を促したのではありません。大脳化と大きくなった脳の機能の発達とは分けて考える必要があります。

ネオテニー説への反論

人類進化についてはさまざまな仮説があります。なかには首を傾げたくなるものもありますが、その代表的なものに人間は水中で進化したとする説があります（アクア説）。これは、陸にいた四足の偶蹄類が再び海に戻って体毛と後肢、さらに胎盤を退化させてクジラになったという説[48]にヒントを得た説です。体毛を失った人類も水中で進化したためであるといいます。人類は水中で頭だけ出して歩くことにより二足歩行を習得し、頭を水面上に出していたため頭髪だけは残ったといいます。また、陸上動物は背面性交をしますが、人間はクジラやサメのように対面性交するなど、いくつもの項目の例示をあげて真剣に論じています[49]。しかし、尾びれのある動物が背面性交するには無理がありません。まさかと思う説ですが、空想の科学でもある人類進化にはこの類の話が少なくありません。地動説や大陸移動説、あるいは葉緑体やミトコンドリアの細胞内共生説など、当初は懐疑的に見られていましたが、後になって事実であったことが明らかにされました。しかし、このアクア説をこれらの偉大な卓見と同等に評価するには無理があります。

ネオテニー説

奇抜な人類進化説にネオテニー説（幼形成長説）があります。これは、チンパンジーの子の顔は人間に似ていますが、その後成長すると顎が突出し子ども時代の面影が姿を消してしまいます。ところが他の類人猿と異なり、ヒトは幼児の形のまま大人になり子孫を残す動物だという説です。そして、ヒトは誕生後も胎児期と同じような速さで脳が成長を続けたために大きくなったといいます。

しかし、スイスの動物学者のアドルフ・ポルトマンは、ネオテニー説は顔面の形状だけを捉えたもので、ヒトの乳児のプロポーションは他の類人猿の乳児とは随分と異なることを指摘しています。たとえば他の類人猿はほとんど完成したプロポーションで生まれるが、人間の子どもは足は短く胴長で頭ばかりが大きい異様なプロポーションで生まれます。人間の子どもがこのプロポーションのまま大きくならないことは誰でも先刻承知しています。彼は、ヒトの乳児は生理的早産の状態で生まれているにすぎず、他の動物の新生児並みに生まれるのであれば、さらにあと1年間は母胎内で育たなければならないといいます[50]。人の乳児が超未熟な状態で生まれる理由は、脳の容積が大きくなったためです。ポルトマンはネオテニー説のような考え方が出てくる背景には頭だけにとらわれているためであり、全身に目を配らなければならないと主張しているが、この説については第8章で詳述します。

高エネルギー食説への反論

高エネルギー食が大脳化の要因だという説は、1990年代初め頃から出てきた考え方です。これは人類学者のレスリー・アイエロが、脳は大量のエネルギーを消費する組織であることに気づき、高価な組織仮説を提案したことに始まります。5歳までの乳幼児が消費しているエネルギーの85〜40％（新生児〜幼児）は脳が消費しており、成人でも基礎代謝量の20〜25％を体重の2％ほどにすぎない脳が消費しています。彼は、大食漢の脳の成長には肉食が最適であり、ウシのように大きな消化器や長い腸も必要がなく、食物の消化に使われるエネルギーが節約でき、その分だけ大脳化に振り向けることができると考えました。[41]

ここで重要なことは、アイエロが肉食による高エネルギー食説を考えた背景には、脳の維持エネルギー問題以上に、なによりも腸内細菌に依存した巨大で長い消化器をもった寸胴な体型の猿人が、いきなり腸内細菌に依存しない肉食型のスリムな体の原人に変身した理由を、合理的に説明するには肉食を持ち出す以外にはなかったという点です。

その後、リチャード・ランガムは、肉を始めとする食物の加熱が消化に要するエネルギー消費を節約し、大脳化が促されるという料理仮説を提案しました。[3]

突然始まった大脳化

前にも述べたように、大脳化はおよそ２００万年前から突然始まりました。このことは多くの人類学者が認めており、このサルからヒトへの転換点に人類に何が起こったか、いくつかの仮説が出てきました。肉類による高エネルギー食や調理仮説が出てきた背景には、脳が大食漢であるという理由の他に、これまでの化石研究があります。２００万年前の人類が何を食べていたかを知る手掛かりは、どうしても化石に頼らざるを得ません。当時の人類は植物や昆虫など食べられるものはなんでも食べていましたが、それらの残骸はすぐに風雨にさらされて跡形もなく消え失せています。わずかに残されたものが大型動物の骨の化石です。骨の化石に刻まれた傷跡や骨を砕いた痕跡から、人類が石器を用いて肉を剥ぎ取ったり、あるいは骨髄を食べたという発想がクローズアップされました。そして唐突に始まった肉食化が、大脳化と体型のスリム化を促したという思考回路に人類学者を導いたようです。

ところが、小さな脳の雑食性の猿人がいきなり肉食動物であるかのようにハンターに変身することを説明するのには無理があります。人類学者のジャレド・ダイアモンドは、ニューギニアで狩猟採集を続けている先住民族の現地調査を踏まえて次のように述べています。すなわち「人類の歴史の大半を通じ、私たち人間は有能な狩人などではなく石器を使って植物性の食料や小動物を手に入れて処理していた、手先の器用なチンパンジーに他ならなかった[33]」。

有能なハンター説に疑問符がつきました。そこで登場したのが死肉あさりです（スカベンジャー説）。しかし、肉食獣が食べつくした草食動物の残骸にどれだけの肉が残されているか定かではありませんが、嗅覚の鋭いハイエナや何でも見逃さない猛禽類のハゲタカを押しのけて猿人が獲物を奪うことは容易でなかったと思われます。ただ、何もかも食べ尽くされた後に残された毛皮と長骨にへばりついている腱は赤ん坊を運ぶ袋の材料として珍重した可能性はあります。先にも説明したように、南アフリカの洞窟からチーターに襲われたとみられる猿人の化石が大量に発見されています。何の武器ももたない猿人は、スカベンジャーどころか、彼らが絶えず獲物として捕食者に付け狙われていたのです。

雑食性の人類をいきなり肉食獣の消化器に転換するには、おそらく植物性の食料を一切放棄して肉食のみに切り替えなければできないことです。しかし、死肉あさり程度では不可能であろうし、絶えず飢えに苦しんできた人類が、あえて植物性の食料を放棄することはありえないことです。それでは、食料の種類を変えることなく、消化機構を肉食型に一大転換することができるでしょうか。その答えは私たちの体にあります。『ヒトはおかしな肉食動物――生き物としての人類を考える』[51]という本が出ていますが、人類はサバンナに進出してより高度な雑食性になり、現代まで雑食性を維持してきました。それにも関わらず、腸内細菌依存の消化機構から、腸内細菌に依存しない消化機構になり、あたかも肉食動物であるかのような体型に変化しています。それを可能にさせているものは何か。それはズバリ「火」の使用です。200万年前に人類が火を使っていたか、これは物議をかもす課題ですが、これらについては第6章で詳述します。

高エネルギー食説の盲点

高エネルギー食説には二つの重大な欠陥があります。それは、大きくなった脳の維持と大脳化に必要なエネルギー量を混同して考えているところです。もう一つは、大脳化の要因としてエネルギー量にのみ固執し、脳が利用できるエネルギー源について考慮していない点です。

確かに、現代人は猿人に比べて3倍も大きな脳をもっていることから、脳は大量のエネルギーを消費していますが、それはいきなり3倍に増えたのではありません。200万年の間に3倍になったのです。しかし、大脳化は200万年間に平均的に起こったのではなく、断続的に生じたことが化石研究から指摘されています。特に200万年前からの50万年間におよそ400ccから900ccへと500ccほども増やしています。初期人類は早熟であったことを考慮して、仮に一世代を20年として50万年間の世代交代数を見ると2万5千世代ということになります。すると、一世代あたりの脳の増加量は0・02ccです。大きくなった脳を維持するエネルギー量を賄うのに前の世代よりもごくわずか余分に食べればよいことになります。肉のたんぱく質には良質のアミノ酸が含まれており、大脳化には必要な成分かもしれませんが、脳神経細胞の主成分はコレステロールと多価不飽和脂肪酸による脂質が主体を占めます。そのためか多価不飽和脂肪酸を多く含む骨髄食を大脳化と関連付ける学者もいました。しかし、これまでさまざまな栄養成分が大脳化の促進因子として期待されてきましたが、まだ決定打は出ていません。

文明社会と断絶して有史以降も狩猟採集民の生活を続けてきたいくつかの集団についての観察記録があります。それによると、弓矢などの道具を使っても得られる獲物は食物全体の30％にすぎず、残りの大部分は女性が採集した植物性の食物であったといいます[41]。文明社会から追われて条件の悪い地域に囲い込まれたことを考慮しても、この現代版狩猟採集民の姿は、小さな脳の道具を持たない猿人の実情をある程度映し出しているように思われます。

先に紹介した『ヒトはおかしな肉食動物[51]』という本には、人類は本来肉食動物であると記述されています。しかし、樹上生活を始めた霊長類はビタミンCを豊富に含む果物を食べるうちに、いつの間にかそれを自ら合成する能力を失ってしまいました。このビタミンが不足するとコラーゲンができず、壊血病など重大な障害が起こります。肉食だけではこのビタミンの必要量を賄うことができず、人類は雑食性から逃れることはできないのです。人類は、今も昔も肉食動物ではなく雑食動物です。

高エネルギー食説のもうひとつの盲点は、脳のエネルギー源に対する考察が欠落していることです。人類に起こった大脳化を解明する上でこのことは最も重要な要素ですが、これについては第4・5章で解析します。

コラム

飢餓仮説

美食が大脳化を促したという説とは一転してチップ・ウォルターは、飢餓が大脳化の要因になっているという仮説を紹介しています。彼は、高エネルギー食が大脳化の要因であるという研究者の主張を紹介する一方で、これとはまったく逆行する考え方を提案しています。彼は飢餓は加齢の速度を遅らせて寿命を延ばす一方で、脳の成長を促して知能を高めるといいます。

確かに、マウスやイヌなどの各種動物で通常の食事量よりも35〜40%減らすと、寿命が30%も伸びることは早くから知られており、これにヒントを得たのでしょう。彼は、身体は欠乏を感じ取ると総動員でエネルギーの節約を行って最悪の事態に備えるが、これに関与する特殊なたんぱく質が成長速度を減少させると考える科学者もいると述べています。そして、細胞の成長は飢えによってあらゆる面で速度を落とすが、一つだけ例外があるといいます。すなわち脳細胞の成長だけは増大すると主張しています。さらに、脳の細胞は長生きするだけでなく、自分の新バージョンをつくるといいます。随分と都合のよい理屈です。それでは、エネルギー代謝量が哺乳動物に比べて10分の1のゾウガメは寿命が200年と長いといわれていますが、それに反して極端に小さな脳サイズの矛盾を説明することはできません。

成長の遅滞が大脳化をもたらしたのではありません。大脳化が体全体の発達を遅らせたのです。すなわち、ヒトの成長速度が低下している理由は脳の成長が長引いたことによります。

チップ・ウォルターは、身体の組織が総動員で省エネに備える一方で、脳にだけは十分なエネルギーを供給したことにより、かえって脳の成長が促進されたことが大脳化につながったと述べています。しかしこれは多くの栄養学者の見解とは相反する話です。飢餓と貧困の問題は今なお世界の深刻な課題です。人間の赤ん坊は大きな脳をもって生まれますが、それでも誕生後に脳を4倍にも増大させます。特に成長が著しい6歳頃までに低栄養に遭遇すると脳の成長が劣り、生涯自力では生きていけないことが重大な問題となっていることは栄養学者ならば知らない人はいないでしょう。脳は身体組織のなかでも特別の存在ですから特典が与えられることは分かりますが、全組織が飢えに喘いでいるなかで、脳だけが逆に大躍進するということはありえないのです。やはり、程度の差はあっても飢えは脳の成長になんらかの負の影響を及ぼすのです。

貧しい国の人々の脳はよく発達し、富める国の人々は劣るかというと、決してそのようなことはないのです。貧しい国の国民は栄養不足で成長が劣りますが、そのままではやがて感染症を患って短命に終わることは、国連の統計を見れば分かることです。結果と原因をどのように評価するかです。第8章で解説しますが、人類に起こった成長の遅滞と長寿命は大脳化がもたらしたものです。

第４章 脳を拡大させたもの

人類の脳は２００万年前から突如拡大を始め、現在までに容積を3倍に増やしてきました。キリンの長い首やゾウの鼻のようにある組織が異常に伸長するような現象は進化史上では珍しいことではないかもしれないが、脳は体の全機能をコントロールする中枢神経の拠点ですから、その影響は比較にならないものがあります。これほど短期間に脳を拡大させた動物は人類以外には例がなく、これは自然淘汰や自然選択説では説明できない現象です。ここでは、あのウォレスに人類の進化に超自然的な力が作用した[32]と言わせた大脳化について科学的に踏み込んで考えることにします。まずその前提として、大きな脳をフルに活用して人類が大躍進したのはわずかここ3万年の出来事であり、指や唇の繊細な運動や、芸術性、言語、記憶、思考などが大脳化を促したのではないということを押さえておかなければなりません。なぜなら、これらが一気に花開いた過去10万年間に人類の脳サイズにはなんら変化がなかったのです。大脳化にはこれらの間接的な要素ではなく、200万年前に人類の脳に何か強い刺激が働いたとしか考えられません。脳に何が作用したのか、これから脳に直接問いかけることにします。

大脳化の主役はグリア細胞

誕生後に4倍に成長する脳

ほとんどのサルの脳容積は誕生時に大人の75%であり、生後6か月でほぼ大人の大きさになります。脳の大きさがチンパンジー並みの猿人もほぼこれに似た脳の成長過程であったと考えられます。ところが、現代人の子どもは、どの類人猿よりも大きな脳で生まれるにも関わらず（第8章参照）、脳サイズは大人の23%にすぎず、3歳で60%、6歳で90%、9歳で脳サイズの成長は完了し、思春期に入ってからシナプスの大改造が起こり、20歳でほぼ完成します。

これで気が付くことは、ヒトの脳は誕生後になってから4倍にも成長するということです。ここで大脳化のカギを握るものは、誕生後に大きく成長する脳の組織は何かということです。

大脳化は大脳皮質の増加による

先にも述べましたが、体をコントロールする中枢神経系は脳と脊髄からなっています。脳は前方から順に、大脳、間脳、中脳、小脳、延髄という五つの大きな領域から構成されていますが、これはあらゆる脊椎動物に共通する基本構造です。

恐竜など爬虫類と哺乳類の脳の大きな違いは、前者には大脳の最外層を覆う大脳皮質がほとんど見られないところです。ヒトの場合、この大脳皮質が脳全体を包み込むように発達しており、これを大脳新皮質と呼びます。そのため、ヒトの大脳は脳全体の85％を占めています。大脳には海馬などの領野がありますが、最も大きい部分が大脳新皮質と呼ばれる最外層です。大脳化で増大した領域はこの大脳新皮質です。大脳新皮質はさまざまな感覚情報を統合して運動指令を発信する総指令塔であり、大脳化が高度な知能をもたらしたことを裏付けます。それでは、大脳化によってもたらされた大きな大脳新皮質の実態はなんでしょうか。

大脳化の主体はニューロンではない

この大脳新皮質の何が増えて脳容積が拡大したのかということが大脳化の謎解きのカギになります。

脳の細胞には、大きく神経細胞とグリア細胞の二つのタイプがあります。いずれも受精後しばらくして猛烈に分裂して増えた神経幹細胞から分化してできます。分化した神経細胞は一千種もあり、それぞれ脳内の所定の位置に移動し、その後神経線維を伸ばして高度な情報伝達能を獲得した細胞に発達します。神経細胞とニューロンは同義語で扱われる場合が多いようですが、ここでは神経細胞が発達して高度な情報伝達能を獲得した細胞組織全体をニューロンと呼ぶことにします。

脳の主役は脳神経細胞のニューロンです。ニューロンには二種類の神経突起があり、一つは軸索と呼ばれる一本の細い神経線維です。これは、近くのニューロンだけでなく、はるか遠方の領域のニューロンや筋肉にも神経線維を延ばして情報伝達網を張り巡らしています。長いものでは１ｍにもなります。

もう一つの神経突起は樹状突起と呼ばれるものでこれは他のニューロンから延びてきた神経線維を受けてシナプスという神経回路を形成しています。一個のニューロンが数千個から十万個のニューロンとシナプスを介して膨大なネットワークを形成しています。大脳化によってもたらされた高度な知能は神経細胞の増加によってもたらされたと誰でも考えたくなりますが、どうやら大脳化は神経細胞の増加によるものではなさそうです。神経細胞は受精後しばらくして神経幹細胞から分化してできますが、誕生前までに銀河

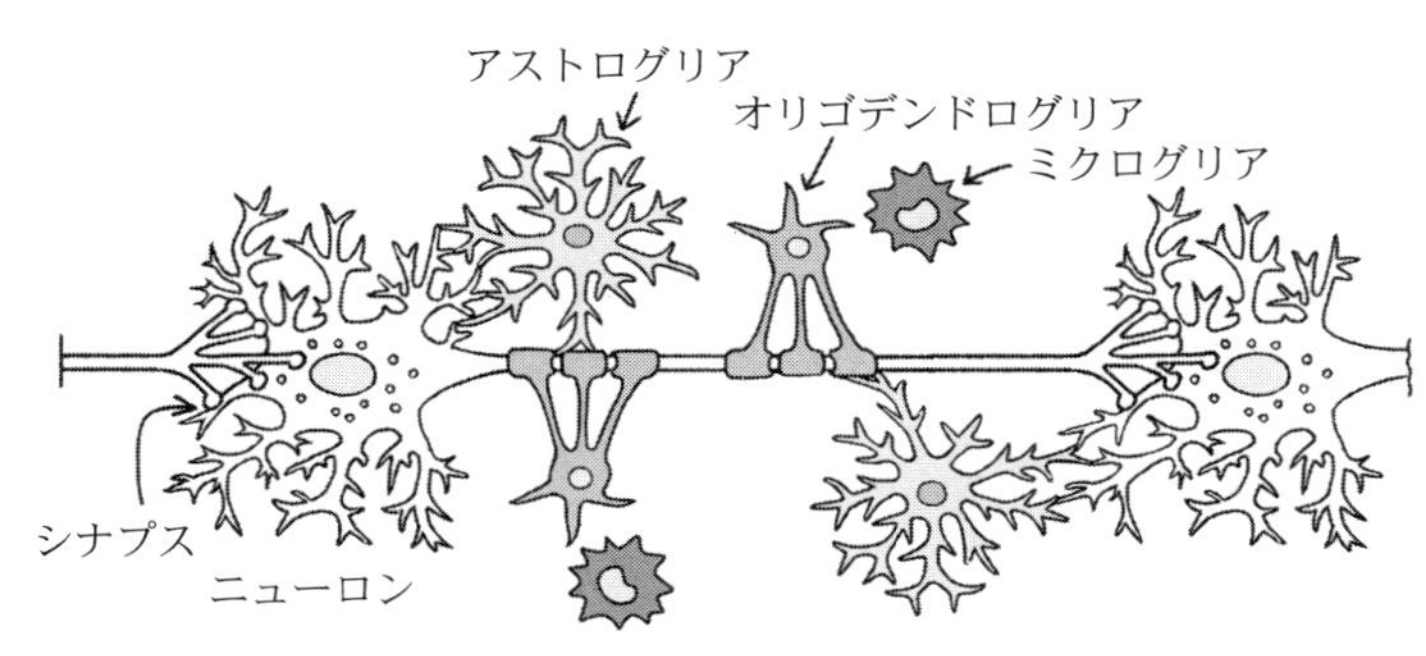

図4.1｜神経細胞とグリア細胞

系の恒星の数に相当する1000億個に達してほぼ出そろっています（この神経細胞の数ほど研究者によって見解が極端に異なるものも珍しく、また誕生後も胎児期と同じように増え続けると主張する人もいます）。この1000億個の神経細胞は脊髄に配置されるものを含んだ数ですが、大脳には130億～150億個あるといいます。大脳の神経細胞は、受精後55日からつくられ始め、130日で産生が終了すると推定されています。[28] 要するに大脳の神経細胞は胎児期の5か月までにはほぼ出そろっていることになります。大きな脳は誕生後の脳容積の増大によってもたらされることから、大脳化は神経細胞数の増加に伴う体積の膨張によるものではないことが分かります。

ニューロンを操る影の主役

実は脳には神経細胞をニューロンにつくり変え、それを操る影の主役がいました。脳の細胞はニューロンだけでなく、この他にグリア細胞と呼ばれる多くの種類の細胞がニューロンや神経突起を取り巻いてニューロンの働きを支えています（図４・１）。グリア細胞が軸索や樹状突起を何重にも取り巻くことにより情報伝達は確実なものになり、伝達速度は１００倍にもパワーアップするのです。脳の細胞数はニューロンよりもグリア細胞の方がはるかに多く、１個のニューロンに10〜50個のグリア細胞がついています。脳全体ではニューロン１個に対してグリア細胞が50個の割合で存在しているという指摘もあります[52]。よって脳の容積の90％以上はグリア細胞が占めることになります。これは私の憶測ですが、どうやら大脳化はグリア細胞の異常な増加によってもたらされたものであることが分かってきました。工藤佳久氏は著書『脳とグリア細胞——見えてきた！　脳機能のカギを握る細胞たち[53]』のなかで、進化した脳ほどグリア細胞のニューロンに対する存在比が高いことを指摘しています。ニューロンの機能の発揮はグリア細胞に全面的に依存しているのです。

グリア細胞の増加を刺激したものは何か

偏食家の脳

体重の2％ほどにすぎない脳が、体全体が消費する基礎代謝量の20％を独占します。脳はこのように大食漢ですが、なんでもかんでも食べてしまうわけではありません。むしろ、気難しい偏食家です。高エネルギー食説を代表する肉類に含まれるたんぱく質や脂肪の構成成分であるアミノ酸や脂肪酸をニューロンは直接利用することはできません。脳が食べるエネルギー源は基本的にはブドウ糖であり、飢餓時など特殊な場合にはケトン体と称するβ-ヒドロキシ酪酸とアセト酢酸が補足的に使われるとされています。

なぜそのようなことになっているのか、それは脳の複雑な機構にあります。ニューロンと軸索や樹状突起を取り巻くグリア細胞がニューロンの働きを支えています。脳が消費するエネルギーの95％はニューロンが消費しており、電気信号を発信して体全体をコントロールしています。ニューロン内に電気信号の流れをかく乱させる物質が侵入しないようにグリア細胞が血液脳関門と呼ばれる関所を設けて厳重に監視しています。そのため、エネルギー源としてはブドウ糖の他には先に述べたケトン体以外は侵入できない仕組みになっているのです。

脳の他にブドウ糖を専らエネルギー源にしている細胞は赤血球（ヘモグロビン）と網膜細胞です。特に赤血球にはミトコンドリアがないためにブドウ糖のエネルギー効率が低く、しかもケトン体を利用できないために、脳とはブドウ糖を巡って競合関係にあるといえます。

見直されてきたケトン体

近年、ケトン体が注目されています。ケトン体が新生児の脳のエネルギー源になっていることは早くから知られていました。自然分娩の乳児は誕生後の一週間に体重を平均10％も低下させます（生理的体重減少）。この現象は人類に特異的なもので、進化上で獲得したものです。ヒトのメスは排卵の時期を示す発情期を進化の過程で隠すようになりました。ヒトのメスは、他の哺乳動物とはホルモン代謝がかなり異なっています。通常の哺乳動物であれば出産が間近になると乳汁が出るようになりますが、ヒトは誕生後もしばらくは分泌しません。乳児が乳首を吸う刺激を受けて初めて催乳ホルモンのプロラクチンと射乳ホルモンのオキシトシンが分泌されて、乳房で乳がつくられて乳首から射乳が起こるようになります。乳汁が正常に分泌されるようになるのは誕生後一週間もたってからです。私はこの厳しいハングリーな体験が、我慢強さや勤勉さに結びついていると考えています。ある産科医の方が「赤ちゃんは水筒とお弁当をもって生まれる」と述べていると聞きます。この言葉の意味するところは誕生後の乳児にはできる限り母乳以外のものを与えてはならないということを示唆したものです。水筒とは誕生前に飲んだ羊水のことであり、お弁当とは誕生直前に蓄積した体脂肪です。新生児はあのハングリーな時期にこの脂肪をケトン体につくりかえて脳のエネルギー源にしているのです。

胎児の脳のエネルギー源はケトン体

最近になって産科医の宗田哲男氏が胎児の脳の主なエネルギー源もケトン体であると主張しています。[54] 彼は妊婦さんに多発する糖尿病の改善に糖質制限食が有効であることを確認するとともに、胎児のエネルギー源について貴重な知見を得ています。それによると臍帯血の分析から、ケトン体の濃度が非常に高く、しかもケトン体は胎盤の絨毛でつくられている可能性を確認しています。また、臍帯血の血糖値はおよそ35㎎／dL（100㎖）であり、この糖濃度はヘモグロビンの必要量を賄う量に相当することから、胎児の脳のエネルギー源はほぼケトン体ではないかと推定しています。誕生直後の飢餓時だけでなく、母体から胎盤を経由して絶えず栄養素が供給される胎児期においても主要なエネルギー源がケトン体であるという指摘は、これまで誰も気づかなかった重要なある事実を示唆します。

そういえば、ニワトリの卵の主成分はたんぱく質と脂質であり、糖質はほとんど含まれていません。この理由として、細菌による汚染を防止するために細菌のエネルギー源となる糖質を含まないようにしているというのが、これまでの専門家の見解でした。[55] しかし、これもどうやらそれだけではなさそうです。

宗田氏は胎児の脳のエネルギー源がケトン体であることと妊婦に多発する糖尿病との相関から、糖質制限食の必要性を訴えています。彼の糖質制限療法は日本糖尿病学会で大論争を巻き起こしているといいますが、この問題は後の章で解析します。

諸刃の剣のブドウ糖

ブドウ糖は反応性に富んだ物質です。植物が光合成でつくり出したブドウ糖はあらゆる生体成分の出発物質であり、植物体内で多彩に反応してさまざまな物質に変わります。ブドウ糖は生物体内で酵素を仲介して多彩に反応するだけでなく、自然界で非酵素的にも反応します。食品の調味料の味噌や醤油の赤褐色、あるいはウイスキーの琥珀色の色素などは糖とアミノ酸が自然に反応してできたものです（メイラード反応）。この酵素が関与しないメイラード反応は私たちの体の中でも起こっているのです。血液中のブドウ糖濃度が高まると、血管内でこの反応が亢進して老化物質ができ、糖尿病の合併症を悪化させることが指摘されています。ブドウ糖は生体にとって必須の物質ですが、濃度によっては血液中の生細胞やヘモグロビンに手あたり次第に結合（糖化）して劣化させる毒性があるのです。そのため、ブドウ糖を脳のエネルギー源として常に一定濃度に保つことが必要ですが、血液中の濃度が高くなりすぎると都合が悪くなります。

受精卵が細胞分裂を繰り返して分化し、やがて生体ができる過程を個体発生と呼んでいますが、この最もデリケートな時期には反応性の強いブドウ糖を極力避ける機構が働いている可能性があります。

胎児の脳は神経細胞の分化が先行し、グリア細胞の分化は後発です。ということは、胎児には血液脳関門の機構が開発されておらず、脳は無防備な状態に置かれていることになります。実際にはそのようなことはなく、胎盤が血液脳関門の代役をはたしているものと考えられます。臍帯血のブドウ糖濃度が35 mg／dLに抑えられている理由はヘモグロビンの必要量を賄う必要最低限度に調整していることが推察されます。妊婦の糖尿病は、胎児に十分なエネルギーを供給しなければならない一方で、ブドウ糖は拒絶されるという板挟み状態におかれていることにより発症していると考えられます。妊婦に糖尿病を発症する確率が高いのはこのような理由によるものと推測されます。

先に述べた鶏の卵に糖質がほとんど含まれていない理由は、卵の中はまさに個体発生の現場そのものであり、ブドウ糖が存在すると生まれる雛鳥に重大な障害が発生する可能性があるからです。ヘモグロビンが消費するブドウ糖の必要量は受精卵の中で合成していると考えられます。

ブドウ糖とケトン体、どちらが主役

それでは、脳のエネルギー源としてブドウ糖とケトン体ではどちらが主役かということについて考えてみます。結論からいうと、個体発生の段階までは、人間では胎児期から誕生直後まではケトン体が主役であり、その後、ブドウ糖に切り替わっていくことが考えられます。それはヒトの母乳中の乳糖濃度が7％とあらゆる成分の中で最も高いことからも分かります。

ヒトの乳汁中の乳糖濃度はあらゆる哺乳動物の中で最も高く、海産哺乳類の中にはそれがほとんど含まれていないものもいます。ヒトの乳児では、脳が消費するエネルギーのおよそ50％がブドウ糖によるものであり、糖質の多い離乳食に移行するにしたがってブドウ糖の比率が上がることになります。ウシなどの反芻動物の血糖値は40～70mg／dLとかなり低く、逆にケトン体が多いためにケトーシス（体内のケトン体が異常に増量する症状）として疾病との相関が疑われていましたが、これも見直さなければならないようです。それは、反芻動物の胃は特殊な発酵タンクになっており、その中で細菌が酪酸を醗酵して宿主の動物に供給していますが、これこそがケトン体の前駆体だからです。大量の酪酸がブドウ糖の必要量を軽減させていると考えると、反芻動物の低い血糖値の意味も合理的に説明できそうです。

動物にはそれぞれ固有の血糖値が定まっているようです。脳はブドウ糖とケトン体を一定の比率で消費していますが、それらは食物からではなく体の中でつくり出されたものです。体から発生する熱エネルギーのおよそ50％は肝臓と脳から発生したものです。冬山で凍死する事故が時折発生していますが、これは備蓄したグリコーゲンを使い果たし、体から奪われる熱よりも肝臓や脳が発生する熱の方が少ないことによるもので、肝臓でのブドウ糖やケトン体合成が間に合わないために低血糖・低ケトン体になって昏睡状態から永遠の眠りに入るのです。この遭難者の命を救えるものは経口的に摂ることができるブドウ糖に代表される砂糖類だけです。アミノ酸や脂質では、体内でブドウ糖やケトン体につくり変えるのに時間がかかり過ぎて緊急時に間に合わないのです。

それでは、ブドウ糖とケトン体ではどちらが脳のエネルギー源の主役かというと、これは悩ましい問題です。ただブドウ糖やグリコーゲンは緊急時の即効性のエネルギー源として欠かせないものであるだけでなく、脳やヘモグロビンのエネルギー源としても欠かせないものです。そのため、肝臓で休むことなく合成して１００mg/dLの濃度で脳に供給するようにヒトの遺伝子にプログラムされているのです。ですから、食物から糖質を除いてもこの血糖値がこれ以下に低下するということは起こらないのです。脳がブドウ糖とケトン体をどのような比率で消費しているか。これは脳科学のこれからの課題なのです。

大脳化を促すブドウ糖のメカニズム

脳の大きさとエネルギー消費量の間にはある程度の相関があり、脳が大きくなった分だけ消費エネルギーも増えるというのが一般の見解です。ところが、大脳化により脳は3倍にも増大しましたが、増えたのはさほどエネルギーを消費しないグリア細胞でした。大量のエネルギーを消費するニューロンは細胞数が増えないにも関わらず、なぜかグリア細胞の増加に対応して大量のエネルギーを消費しています。なんとも奇妙な現象です。

そこにはグリア細胞によって馬車馬のように働かされているニューロンの姿が浮かんできます。脳機能の研究は専ら情報の伝達を行うニューロンに向けられてきました。しかし、そのニューロンを操る影の主役はグリア細胞であることが分かります。グリア細胞がどのようなメカニズムで異常増加を始めたのかを解析する前に、ニューロンにエネルギーが送られる機構を確認します。

ニューロンに侵入する物質を血液脳関門で選択し、栄養素をニューロンに供給し、ニューロンの興奮を抑制し、ニューロンから出る老廃物を除去し、シナプスの開発を促進、傷の修復などの裏方の一切をグリア細胞が担っているのです。

ニューロンはアミノ酸や脂肪酸をエネルギー源として利用することができないと先に述べましたが、それと関連して血液脳関門について簡単に触れておきます。アミノ酸の中のグリシンやアスパラギン酸、グルタミン酸は脳の神経伝達物質です。以前、調味料のグルタミン酸ソーダが脳の発達に良いということで、子ども時代にご飯にそれを振りかけて食べさせられたという人の話を聞いたことがあります。このような神経伝達物質が勝手にニューロン内に侵入すると、神経伝達は大混乱を起こします。実際には、これらのアミノ酸はニューロン内には一切侵入させない仕組みが血液脳関門と呼ばれているものです。これらのアミノ酸はニューロンが必要量を合成しているのです。[51]

グリア細胞にはアストログリア、オリゴデンドログリア、ミクログリアなどさまざまな種類があります（図4・1、93ページ）。アストログリアは主にニューロンを取り囲んでニューロンの管理に努め、オリゴデンドログリアは軸索や樹上突起に巻き付いて情報伝達を確実なものにし、ミクログリアは老廃物の除去など脳内環境整備に努めています。

ブドウ糖を忌避するニューロン

ニューロンへのエネルギー源の供給はこれまで二つの方法があげられていましたが、ここで三つめの方法があることを提案します。ニューロンは血管と直に接触しておらず、この間にアストログリアが割って入って血液脳関門の役割を果たしています。エネルギー源を取り込む一つの方法は、血管からしみ出したブドウ糖がグリア細胞の隙間を通過してニューロンにたどり着くとブドウ糖を運搬するトランスポーターにより取り込まれます。もう一つはアストログリアのトランスポーターを使ってグリア細胞内に取り込みそれを乳酸にして、ニューロンの乳酸トランスポーターにより取り込ませる方法です。この方法でニューロンが消費するブドウ糖の50％以上を供給しているといいます。なお、保健体育の授業などで乳酸は脳や筋肉の疲労物質と教えられてきた人は多いと思いますが、これはどうやら誤りです[56]。それは脳が消費する主要なエネルギー源が乳酸であることからも分かります。

次にエネルギー源を取り込む三つ目の経路ですが、これは多分に私の思い付きですが、ヘモグロビンはミトコンドリアをもたないために、大量のブドウ糖を取り込んで乳酸まで代謝した後、この乳酸を酸素とセットにしてニューロンや筋肉に送り込んでいることが考えられます。ヘモグロビンのブドウ糖の消費量は脳の２分の１から３分の１であり、このブドウ糖は乳酸に変えられて20％は実質的に脳が消費することになりますから無視できない量です。

なぜこのような複雑なエネルギーの取り込み機構を採用したのか。アストログリア中のミトコンドリアの存在量が不明ですが、おそらくグリア細胞は取り込んだブドウ糖のエネルギー量の５・２％を自ら消費し、残りの大部分は乳酸の形でニューロンに送っていることが推測できます。これにヘモグロビンからの乳酸が加わります。このようなブドウ糖を忌避するかのようなエネルギー供給システムは、反応性の強いブドウ糖からニューロンが受けるダメージを避けるためと考えられます。たとえば糖尿病の診断指標としてヘモグロビンA1cというものがありますが、これはヘモグロビンに血液中のブドウ糖が結合して付加体ができた割合を示したもので、この値は血液中の糖濃度と量的関係にあります。そのためもあってヘモグロビンは４か月もすればボロボロになって新しい細胞と入れ替わる運命にあります。ところが、ニューロンは基本的に複製できず、一生涯持ちこたえなければならないのです。アルツハイマーなどの脳障害はニューロンの損傷によって起こるものです。

グリア細胞の度肝を抜いたブドウ糖の反乱

なぜブドウ糖が大脳化の要因になったという仮説を考えるに至ったか、そろそろ核心に触れることにします。大脳化の実態はグリア細胞の異常な増加によってもたらされたものでした。何がこの働き者のグリア細胞を暴走させたのか。大脳化をもたらした要因については、多価不飽和脂肪酸やタウリン、乳糖などさまざまな成分が候補にあがりましたが、いつの間にかすべて消え去りました。過去に広く浸透していた二足歩行説もいくつもの矛盾をはらんでいました。近年人類学者の間で広まっている高エネルギー食説もまた、先に解説したように科学的論証に欠けるものでした。ましてや親指やキスを求める唇、あるいはつま先が大脳化を促したのではないことは言うまでもありません。

それでは、一体グリア細胞に何が起こったというのでしょうか。200万年前に人類に突如起こった大脳化には、見落としてはならない重大な事件があります。それは、大脳化の開始とともに歯が小型化し、頭の矢状稜が消え、消化器が縮小して体型がスリムになり、二足歩行機能が高度化したことです。これらはすべて大脳化と連動して起こった一連の進化現象です。人類学者の多くはこの原因を肉食に求めていますが、肉食が大量のブドウ糖を脳に供給して大脳化を促すということは起こりません。これについては第6章で解説します。

あらゆる哺乳動物がブドウ糖に飢えています。その点は人類も共通していました。そのため、脳はブドウ糖という年貢の納入を身体組織全体に命じ、その徴税を肝臓に負わせました。しかし脳は決して悪代官ではありません。体という国を治めるのに必要な分だけを要求したのであり、脳が消費するブドウ糖と肝臓からの供給量はリンクしていたのです。

ところが突然これを打ち破る異変が起こりました。これまで血糖値はすべて脳の監視下にありましたが、脳も察知しないうちに大量のブドウ糖が血管内になだれ込んできたのです（第6章で解説します）。それは脳にとっては青天の霹靂でした。脳におけるブドウ糖の取り込みはすでに説明した通りです。血管からしみ出すブドウ糖を取り込むニューロンも少なからず衝撃を受けましたが、血管と直接接触してブドウ糖を取り込むアストログリアの衝撃はより大きかったと思われます。トランスポートシステム自体は細胞内取り込み量を調節する機構ですが、平素ブドウ糖に飢えた脳に応えるためにどうしてもブドウ糖を過剰に取り込む習性が身についていたと考えられます。大量に押し寄せるブドウ糖をなだめるために運び屋のトランスポーターを馬車馬のようにこき使ってブドウ糖を取り込み、それを乳酸にしてニューロンに送り付けました。大量のブドウ糖はインスリンを分泌させてブドウ糖合成を抑制させるとともに脂肪酸合成を促進させますが、インスリン自身が成長ホルモンであり、グリア細胞の増加と神経網の拡大を促し、結果的に大脳化をもたらします。以来、このようなことが断続的に起こりました。なかには耐糖能を失って高い血糖値を余儀なくする者も出てきます。

アストログリアは過剰のブドウ糖を取り込み、そこから派生するエネルギーを消費させるために細胞を増やさざるを得なくなりました。一方、大量のエネルギーを押し付けられたニューロンはそれを処理するために、軸索と樹状突起を発達させて新たなシナプスを開発せざるを得なくなります。

オリゴデンドログリアも血管と接触している点ではアストログリアと同じです。細胞を増やして神経繊維を何重にも巻き込んで絶縁性を高め、情報伝達の高速化を進め、脳の機能を一段と高度なものにして大量のエネルギー消費型の脳につくり変えたのです。掃除屋のミクログリアは先の二種のグリア細胞と異なり、骨髄幹細胞から分化して生じ、絶えず大量に脳へ供給されます。このグリア細胞は自在に動き回り、活発に活動を続けるニューロンが排泄する老廃物を除去して脳内環境整備に努めています。

以上が大脳化を誘発させたものはブドウ糖であるという仮説の原理です。ここではケトン体は完全に蚊帳の外です。体内で合成されるブドウ糖と同じようにケトン体もまた脳の指令に従って粛々と合成されており、大量にそれが脳になだれ込むという余地はないからです。

それでは、何が突然血糖値を異常に高めたのか。それは火の使用です。Ⅱ型の糖尿病は火を使う人間の専売特許です。火を使って調理しなければ決してこの糖尿病になることはありません。

なぜ火の使用が大脳化やその他さまざまな連鎖的進化を人類にもたらしたのか、これから詳細に解析していきます。

第5章 動物に大脳化が起こらない訳

前章で人類に大脳化を促したものはブドウ糖であるという仮説を提案しました。ここでは、人間以外の動物には大脳化が起こらなかった、あるいはこれからも起こり得ない理由を脳へのブドウ糖供給から解説します。

初めに、哺乳類の消化機構について整理しておきます。これは人類に起こった進化現象を考える上で重要な要素になります。猿人から原人のホモ属に進化した時に、体型が寸胴型からスリム型に変わったことを記憶していると思います。これは、消化機構に一大転換が起こったことを示しているのです。動物の体型は食物の種類によって支配されています。肝臓や腎臓など主要な臓器は動物の種類によって大きな違いはありませんが、食物の種類によって大きく変わるものは歯や胃腸などの消化器です。ここでは、食性から見た動物の消化機構と体型との関わりから眺めることにします。

食物によって変わる動物の体型

哺乳動物は食性によって草食動物、雑食動物、肉食動物の三つのタイプに分かれます。これら三つのタイプの消化機構を把握することは、人類にだけ大脳化が起こった理由を理解する上で重要です。

①巨大なバイオ工場をもつ草食動物

草食動物には牛や羊、ヤギ、ラクダ、アルパカなどがあり、古くから家畜として主要な位置を占めてきました。その理由は、その驚異的な消化機構にあります。このタイプの動物は消化液を分泌する通常の胃の前に巨大な前胃をもつのが特徴で、これらを前胃発酵動物とも呼んでいます。草食動物はヒトでは消化吸収できないゼロカロリーの食物で育ち、人間に肉や乳を供給してくれることから食料の面で、人間とは相補的な関係にあります。これを可能にしているのが反芻胃と呼ばれる特殊な前胃です。

反芻胃には３種類ありますが、その中でも重要なものは第１胃のルーメンと呼ばれるものです。ルーメンの体積は成牛では200Lにもなります。この中に600種を超えるルーメン細菌が共生的に棲息しており、猛烈な勢いで連続的に発酵しています。ルーメン内容物1g中に100億〜1000億個もの細菌が棲息し、一晩に1個の細菌が1兆個にもなります。細菌の細胞には生命活動を営むためのあらゆる成分が含まれており、旺盛に増殖した細胞は通常の消化液を分泌する第4胃に送られて分解され、さらに小腸で消化吸収されます。

ルーメン細菌の仲間には、ビタミンやアミノ酸がほとんど存在しない貧栄養環境下で増殖するものが多く、また、不足する栄養素は互いに補い合って貧栄養環境で見事な共生関係が形成されています。ビタミンやアミノ酸はすべてルーメン細菌がつくり出すためにこれらの動物には与える必要はないのです。

特殊な窒素循環

なぜそのようなことが可能なのでしょうか。私たち哺乳動物は摂取したたんぱく質をエネルギー源として利用するときに、副生成物として生じる有毒な尿素を尿に溶かして排泄します。ところが、反芻動物はこの尿素を唾液に溶かしてルーメン内に入れ、そこで細菌によりたんぱく質の窒素源としてリサイクルしているのです。反芻動物は半永久的にたんぱく質を自家合成するシステムを備えています。反芻動物が採食している貧しい食物にはごくわずかなたんぱく質しか含まれていませんが、ルーメン細菌がこれを１００倍、１０００倍にも増やして宿主の動物に供給しているのです。

生命を誕生させた原子の海を彷彿させるルーメン環境

ルーメン細菌は難消化性の繊維を分解してプロピオン酸や酪酸につくり変えます。これらの有機酸はルーメン壁から吸収されて、実に反芻動物の消費エネルギーの70～80％を賄っています。

有機酸の発酵においても共生関係が見られます。ある特殊な乳酸菌が炭水化物から乳酸を醗酵して旺盛に増殖します。この乳酸をプロピオン酸菌が細胞内に取り込んで一段高い高エネルギーのプロピオン酸につくり変え、細菌はその過程で旺盛に増殖します。ルーメン壁は乳酸からプロピオン酸発酵を促すかのように乳酸のルーメン壁通過を遮断しています。かつて、牛の曖気に含まれるメタンが温室ガスとして問題視されたことがありますが、排泄するガスですら高エネルギーなのです。

ルーメン内は嫌気環境であり、そこに棲息する細菌は空気に触れると死滅する嫌気性菌です。第１章で、嫌気性のルーメン細菌のクレブス回路と、生命を誕生させた古代の嫌気環境の海との関わりについて触れたが、嫌気環境のルーメン内では無から有をつくり出す機構が働いているのです。このような驚異的な機構が明らかにされ、ルーメン学がロバート・ハンゲイトによって体系化されたのは1965年になってからです[57]。

再び肉食説への反論

先にも述べましたが、アイエロは人類に起こった大脳化の要因として肉食を主体とした高エネルギー食説を提唱しています。そして、牛などが採食する植物のエネルギー量は100g当たりせいぜい10～20キロカロリーであり、肉類の100～200キロカロリーの10分の1にすぎず、しかもその消化に大量のエネルギーを使っていると、あたかも食物から得られるエネルギーが消化に要するエネルギーで相殺されるかのような主張をしています。そして、肉食は長大な消化器も必要がなく、消化に使われるエネルギーが節約できて、その分が脳に回せると述べています。この説は、今日の人類学者の間で定説化しているかのようです。しかし、これはルーメンの機構に対する知識があまりにも欠落していることによるものです。ルーメン細菌を研究してきた一人として、反芻動物の名誉を回復しなければならないようです。

反芻動物は、カロリーゼロの物質をルーメン内で高カロリーの有機酸と高栄養な細菌の細胞につくり変えているのです。しかも、この遠大な作業をなんら宿主のエネルギーを使うことなく、細菌が独自に行っているのです。

　恒温動物の哺乳類は爬虫類などの変温動物と異なり、体温維持に消費カロリーの60％を使っているという指摘があります。冬山で凍死する事故が毎年のように発生していますが、これは体から熱を発生させる以上に、体から熱が奪われることによって起こった悲劇です。ところが、エゾシカのように氷点下20度以下という厳寒の氷雪の上でも平気で寝そべることのできる動物は反芻動物だけです。

　これは、緯度が高い地域にいる動物ほど、熱が奪われるのを防ぐために大型化やずんぐり型になるというベルクマンの法則やアレンの法則[18]が働いたことによるものではありません。反芻動物の連続発酵タンクのルーメン内の温度は本来の体温よりも１～２度も高いのです。彼らはなんらエネルギー消費を伴わない発熱装置を備えているのです。

リチャード・ランガムは食物の加熱が、消化に要するエネルギーを節約すると主張しています。[3]しかし、これは反芻動物には当てはまらないようです。飼料を加熱することは誰でも思いつきますが、それを行っている畜産農家は見当たりません。専門家は加熱しても飼料効率は変わらないと述べています。

　エネルギーの無駄といえば、反芻動物が寝そべって行う反芻という顎の運動ぐらいですが、一見暇つぶしに見えるこの運動は意義のある作業なのです。反芻動物は他の動物では処理できない難消化性のものを食物とするため、それらの処理に長時間を要する分だけ巨大なルーメンが必要なのです。しかし、経済活動としての家畜の飼育が、今日もなお反芻動物が主体になっていることは、それだけ飼料効率が高いということを示しているのです。

②中途半端な雑食動物

雑食動物とは、植物性と動物性の両方の食物を食べる動物をいいます。反芻動物は通常の胃の前にルーメンと呼ばれる巨大な発酵タンクをもっていることから前胃発酵動物と呼ぶことはすでに述べました。それに対して雑食動物は、小腸の後ろにある大腸の盲腸や結腸を肥大化させてそこで胃と小腸で消化吸収されなかった植物性の成分を腸内細菌により処理していることから、後腸発酵動物と呼びます。この仲間には、草食動物や肉食動物を除くすべての動物が含まれますが、最も高度な雑食性のヒトは盲腸や結腸が小さく後腸発酵動物には該当しないことに気付かれたと思います。ヒトは、草食動物や雑食動物、あるいは肉食動物のいずれにも該当しない特殊な消化機構をもった動物になっているのです。何がこのような動物に変えたのか、これについてはあとで解説します。

植物性と動物性の食物の違い

古代の海で光合成を行うシアノバクテリアを細胞内に取り込んだ真核細胞が植物になり、それを取り込まなかった真核細胞が動物に進化しました。植物も動物も起源は同じ原核細胞であることは第1章で説明しました。

それでは、私たち哺乳類にとって植物性と動物性の食物でどこが違うのでしょうか。植物は大地に根を張って水分とミネラルを吸収し、光合成により体をつくる成分のすべてを自前でつくって成長します。一方、動物は体をつくる成分を何一つつくれないために、それらを全面的に植物に依存しているのです。根があって逃げ出せない植物は、動物に対して一方的に食べられないようにさまざまなバリアを何重にも張り巡らす戦略をとります。一方、動物は捕食者から逃れるために、目や足を使う運動機能を発達させました。植物性と動物性の食物の違いは、消化性にあり、前者は哺乳類の消化液ではほとんど消化できない仕組みが施されているのです。それに対して、後者にはそのような消化を妨げる成分は含まれておらず、哺乳類の消化液でほぼ完全に消化吸収することができるのです。

難消化性の植物性の食物の処理を全面的に特殊なルーメン細菌に依存したのが前胃発酵動物であり、肉類は自前の消化液で消化し、難消化性の成分を大腸に棲息する腸内細菌に委ねているのが後腸発酵動物なのです。

ウサギと馬

腸を正面から見ると細い小腸が太い大腸にT字形に突き刺さった状態で接合しており、左側は盲腸で、右側は結腸になっています。盲腸と結腸の大きさは相反しており、馬は結腸が肥大化していて成長した馬では１００kgにもなります。ウサギは盲腸が発達しており、消化器全体の主要部分を占めています[58]。

盲腸や結腸には膨大な数の腸内細菌が棲息しており、小腸で消化吸収されなかった難消化成分を分解して、酢酸や酪酸などの有機酸に醗酵します。大腸の役割は水分の回収が強調されるぐらいであまり注目されていませんが、腸内細菌が醗酵した有機酸やビタミンなどの吸収を無視することはできません。しかし、大腸の消化機構は反芻動物のルーメンとは比較にならず、繊維は消化できません。とはいえ、馬やウサギなどは大腸で醗酵した有機酸が総エネルギーの35～50％を賄っていますから疎かにはできません。しかし、大腸からは消化液が分泌されないため、大量に増殖した腸内細菌の細胞は消化吸収されることなく、そのまま糞として排泄されます。糞の固形物の半分は腸内細菌で占めます。ウサギやネズミは糞食という行動をとりますが、これは高栄養な腸内細菌の細胞成分を消化吸収するためです。ネズミは繊維が固まった糞と腸内細菌が主体の軟らかい糞の2種類のタイプの糞を排泄しますが、排泄時に後者の糞を手で受け取って、すかさず口に入れるといいます。この特殊な糞を研究している専門家もいます。

類人猿の大腸

類人猿は雑食性です。マウンテンゴリラの主食はツルイラクサのつるであり、オランウータンは樹木の皮です。そのためゴリラは巨大な結腸をもっています。ところが同じ類人猿から進化したヒトは先にも述べたように盲腸は退化し、結腸もほとんど発達していません。しかし、ヒトが肉食動物でないことは、日常食している食物のおよそ7割が植物性で占められていることでも分かります。なぜそのようなことになるのか。それはこの後で述べる火の使用にあり、これが大脳化と強く関係しているのです。

③スマートな肉食動物

肉食動物のチーターは、猛烈な速さで獲物を追いつめ、鋭い爪と牙で射止めます。それを可能にしているのが肉食です。難消化性の植物を採食する動物は消化器を肥大化させてその処理を細菌に委ねなければなりませんが、肉食動物にはその必要がありません。

肉の主成分はたんぱく質と脂質であり、これらは自前の消化液で速やかに消化吸収することができるからです。そのため、胃も小腸も、大腸もコンパクトになっています。肉の成分は小腸で完全に消化吸収されるため、大腸で待ち受けている腸内細菌にはおこぼれが届かないのです。そのため、結腸も盲腸も小さく縮こまったままです。

ヒトの盲腸や結腸は肉食動物並みにコンパクトであることから、人類は本来肉食動物であるという指摘をする人がいます。しかし、ゴリラの系統から分岐して出現し、しかも平爪の小さな犬歯しかもたない人類が肉食動物であるはずはないのです。

ブドウ糖に飢える動物たち

体の全機能をコントロールしている脳を働かせている主なエネルギーはブドウ糖であり、その供給が片時でも途絶えると酸欠と同じように、たちまちその個体自身の命が危うくなります。昼はもとより、眠りについている夜間も脳にブドウ糖を送り続けなければならないのです。

それでは、動物はどのようなメカニズムで脳にブドウ糖を供給しているのでしょうか。ブドウ糖は植物が光合成によって真っ先につくり出す、生物界において根源的な物質です。植物はこのブドウ糖をエネルギー源として使う他に、これを出発物質としてたんぱく質や脂質、その他さまざまな生理活性物質をつくります。ブドウ糖はそのままの形で果物などに含まれていますが、大部分は繊維やでんぷんの形で存在しています。そのため、動物は食物からブドウ糖を摂っていると考える人は多いと思います。初めにその可能性について考えることにします。

ブドウ糖をルーメン細菌に奪われる草食動物

先に草食動物の反芻胃の機構について説明しましたが、食物中にブドウ糖や少糖類が仮に含まれていたとしても、これらの成分は瞬く間にルーメン細菌が消費して有機酸につくり変えます。また、繊維やでんぷんはブドウ糖が連結した高分子化合物であり、ブドウ糖の給源として格好のものだが、ルーメン内ではこれをルーメン細菌が分解して、生成したブドウ糖は瞬時に細菌が消費するために、宿主の動物の体内には吸収されません。草食動物では食物からブドウ糖を得る可能性はゼロです。

雑食動物

それでは、雑食動物の場合はどうでしょうか。雑食動物では、草食動物のように自前の消化液で消化吸収する前にルーメン細菌に食べ尽くされることはありません。たとえば果物に含まれる少糖類は自前の消化液で消化し、それを体の中に吸収することができます。果物を主食にしているチンパンジーやボノボが他の動物に比べてやや脳が大きいのはこのためと思われます。

しかし、最も効率よくブドウ糖を内蔵している繊維やでんぷんはどうでしょうか。仮に100gの繊維やでんぷんを消化するとおよそ110gのブドウ糖が得られます。ところが、繊維を消化できる動物はどこにもいません。草食動物は特殊なルーメン細菌がこれを分解しているのです。

それではでんぷんはどうでしょうか。でんぷんの名は沈殿する粉に由来します。水よりも比重が重く、吸水しないでんぷんの粒子は、水に溶けてでんぷんを分解する哺乳動物の消化酵素アミラーゼにたいして強い抵抗性を示します。でんぷん粒子を偏光顕微鏡で眺めると、宝石のようにブドウ糖の分子が放射状に連結した結晶構造になっていることを示す十字偏光を見ることができます（図5・1参照）。ルーメン細菌がこの強固なでんぷん粒子をいとも簡単に分解するのは、彼らが分泌するアミラーゼがでんぷん粒子に特異的に吸着する性質があるためで、哺乳動物のアミラーゼにはこの吸着能がありません。

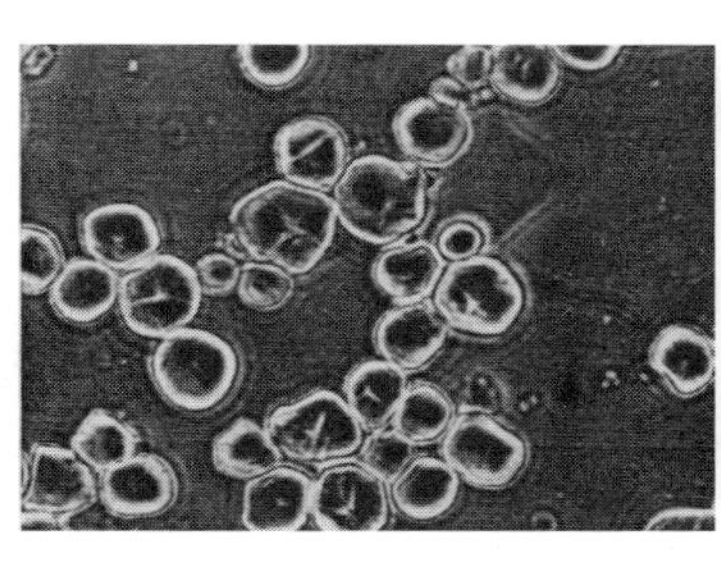

光学顕微鏡による写真

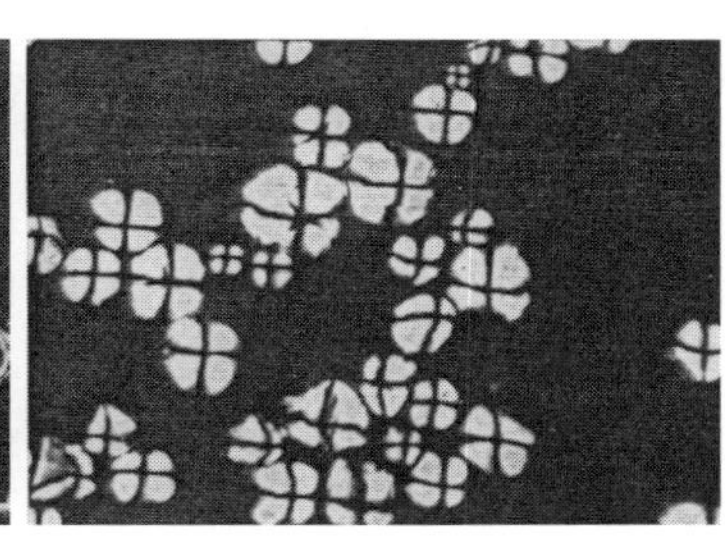

偏光顕微鏡による写真

図5.1 ｜ でんぷん粒子（ハトムギ）

各種のでんぷん粒子について、マウスを用いた消化性が調べられています。それによると、自前の消化液で消化されるのはせいぜい30％ですが、研究に用いたでんぷんは高度に精製したものです。大部分は盲腸で腸内細菌によって処理されることになりますが、生じたブドウ糖はすべて細菌が独り占めし、宿主の動物には届かないことになります。

ブドウ糖に飢える肉食動物

肉食は高エネルギー食の代表的なもので、高エネルギーによる大脳化仮説の生みの親でもあります。ところが、肉類にはたんぱく質と脂質は多いものの、肝心の炭水化物はごくわずかしか含まれていませんから、ブドウ糖の給源にはなりません。

以上見てきたように、雑食性の動物はやや期待できるものの、多くの動物において食物から脳が利用するブドウ糖を獲得することには限界がありました。それでは、脳が大量に消費しているブドウ糖はどのようにして供給されているのでしょうか。

肝臓はブドウ糖の合成工場

片時も休むことなく働き続ける脳の維持のために、ヒトでは血糖値を80～100mg/dLに保ってブドウ糖を脳に供給し続けなければなりません。このことは、人類だけでなくあらゆる哺乳動物に共通していることです。常に一定量のブドウ糖を合成して脳に供給している工場は肝臓で、一部は腎臓でも行われています。

脳はブドウ糖を解糖経路でピルビン酸まで代謝した後、クレブス回路を経て電子伝達経路からATPと呼ばれるエネルギーを引き出しています。神経細胞が麻痺する命取りの病気にビタミンB_1欠乏症の脚気という病気がありますが、これはクレブス回路の入り口にあたるアセチルCoAを合成する酵素の補酵素であるこのビタミンが欠乏したために、糖代謝が滞りエネルギー不足に陥ったことによるものです。肝臓でのブドウ糖合成はグルタミン酸などの糖原性アミノ酸と呼ばれる一群のアミノ酸やピルビン酸などを原料にしてクレブス回路と解糖経路を後戻りするかのようにして合成しているのです。これを糖新生と呼んでいます（図５・２）。なんとも無駄に見えるやり方ですが、これ以外には方法はないのです。

不規則な食事

脳に一定のブドウ糖を供給するために、ブドウ糖につくり代える原料はどのようにして肝臓に届けられるのでしょうか。

朝食抜きのドカ食いという気ままな食事を相手にしていたら、とても脳は維持できません。それでは、どのようなメカニズムにより整然としたブドウ糖供給が行われているのか。そのヒントをカルシウムの代謝から見ることができます。

女性が閉経期になると骨粗鬆症になる人が出てきます。これは、閉経期以降になるとカルシウムの骨形成を促す女性ホルモンのエストロジェンの分泌が低下するために起こるものです。カルシウムは脳のニューロンの興奮を調整する因子であり、常に血液中に一定濃度が含まれていなければなりません。ところが、リン酸やたんぱく質の摂りすぎなど、バランスの崩れた食事をすると血液中のカルシウムが失われ、脳が異常をきたすことになります。実際にはそのようなことにはならず、絶えず骨からカルシウムを溶出させて血液中の濃度を一定に保っています。栄養生理学の分野で骨の意義としてカルシ

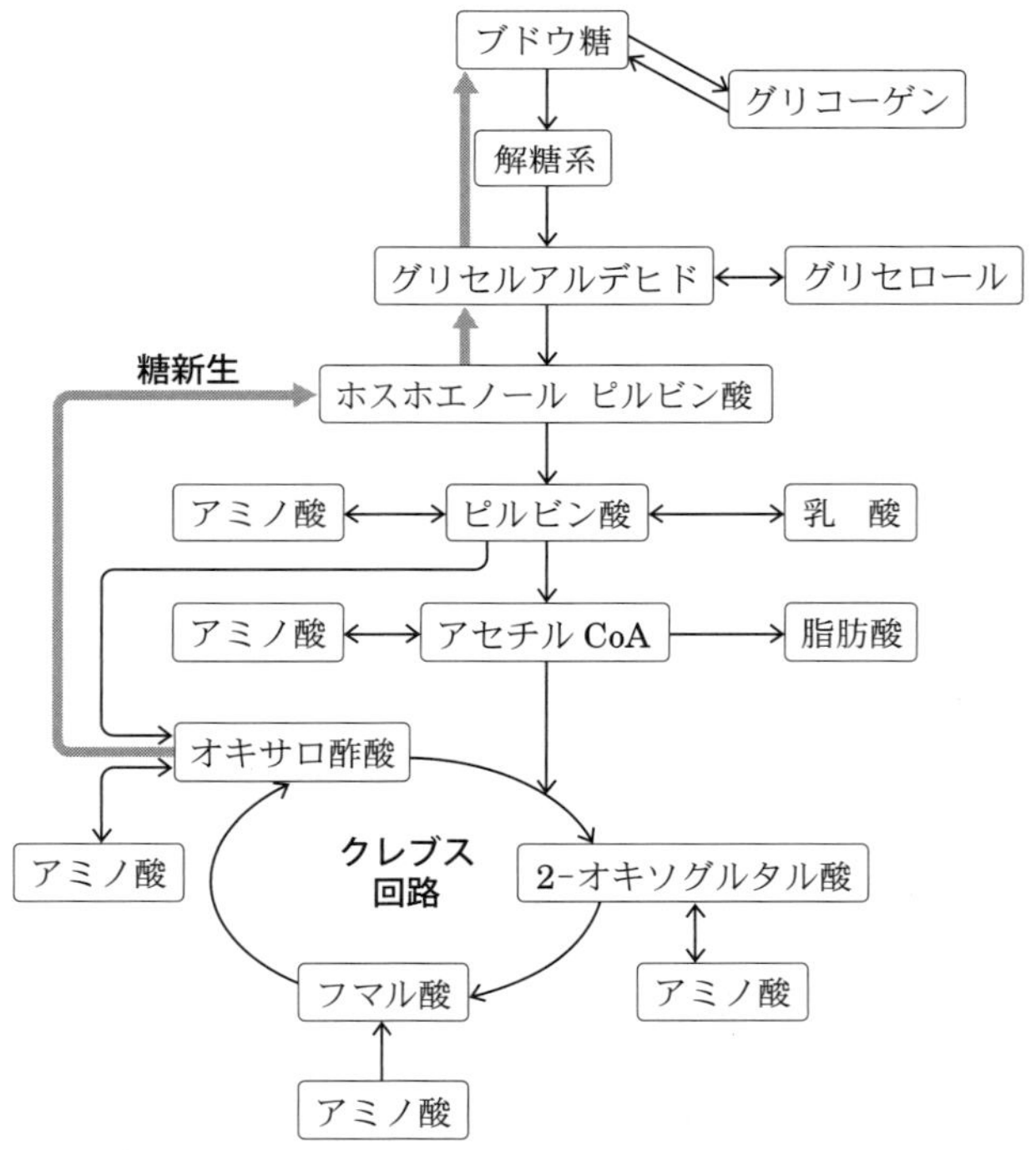

図 5.2 ｜ 糖新生経路（太矢印）

ウムの貯蔵庫が強調されるのはそのような背景があります。カルシウムの骨形成と骨からの溶出が並行的に行われている現象を、新陳代謝と呼んでいますが、体内におけるブドウ糖の合成でもこれと同じことが起こっているのです。

新陳代謝は脳の維持のため

私たちの体は南方で発生する台風に例えることができます。南方の温かい水蒸気を吸い上げて成長した台風はあたかも一個の生き物であるかのごとく判で押したように決まって日本列島に襲い掛かってきます。ところが、台風を構成している水蒸気の分子は絶えず新しい分子と置き換わっています。私たちの体も台風と同じように、絶えず崩壊と再生を繰り返して動的平衡を保っていますが、これをホメオスタシスといいます。身体組織たんぱく質の分解と合成を新陳代謝と呼んでいますが、なぜこのようなことが体内で起こるのか、それに対して専門書は、古くなった組織を再生するためというやや曖昧な説明に終始しています。

しかし、これも私の思い付きですが、新陳代謝の第一義はズバリ、脳の維持のためです。もっと具体的に言うと、脳にブドウ糖を安定に供給するための原料を組織たんぱく質を破壊することにより確保するためです。

一体どれだけのたんぱく質が分解されているのか。一説によると成人で一日に300gのたんぱく質が壊されては新しくつくり代えられているといいます。これはまともな食事をしている場合のことです。

私の知人に、奈良の生駒山のあるお寺で10日間の断食を体験した人がいます。この間に7kg体重を減らしたといいます。断食の間、口にしたものは水だけで、昼間の行動は自由であったといいます。減量した分はたんぱく質だけでなく、それに付随する水分や脂肪も含まれますが、先のたんぱく質の一日300gはほぼ妥当なものと思われます。この崩壊したたんぱく質がブドウ糖合成に使われたとすると、最大でおよそ140g生成すると推定できます。これは脳の消費量以外にヘモグロビンなどの消費分も含まれます。実際には脂質からのケトン体合成があり、体内ブドウ糖合成量はその分だけ減少することになるが、その量は蓄積脂肪量などが関係して変動することが推定されます。

脳に供給するブドウ糖合成のための原料提供は、すべての組織に命じられているが、なかでもブドウ糖合成の任にある肝臓の負担は大きく、この臓器のたんぱく質はわずか14日で50%が崩壊しています。それに対して筋肉の半減期は180日ですから、あまりにも肝臓が気の毒です。

何のために体の組織を壊しては作り直しているのか。一見無駄に見える機構は、万が一という最悪の緊急時に備えた安全保障のためのシステムとして遺伝子に組み込まれたものであることが分かります。それは脳の維持のためのブドウ糖供給が第一義ですが、脳が死滅すれば生体も死んでしまうからです。

もう少し嫌な話をします。地震などで倒壊家屋などに閉じ込められたとき、生きて救出されるボーダーラインは72時間です。ただし、３日間水を摂らない場合です。なぜ３日間なのか。水さえ摂れば、食べ物がなくても10日や20日は生き続けることは可能です。その理由は、私たちの体は崩壊を続けるように定められているからです。何のためかというと、体の組織たんぱく質を分解させて肝臓でブドウ糖につくり代えて脳やヘモグロビンにコンスタントに供給するためです。アミノ酸を壊してブドウ糖につくり代える工程で、毒性の強い尿素が発生します。血中の尿素濃度が高まると脳中毒になり脳組織そのものが機能しなくなります。尿は尿素を中心とする有毒物質を排泄する解毒機構でもあるが、３日も尿を排泄しなければ際どいことになります。

肉食では大脳化は起こらない

肉食が大脳化の最大の要因であるのであれば、肉食動物の中から一匹ぐらい脳が大きくなったものが現れてもよさそうですが、そのような気配はありません。たとえ肉を大食いしたとしても、たんぱく質の食いだめはきかず、過剰なたんぱく質は消化吸収されてから分解され無意な熱エネルギーとなって体表面から失われていきます（特異動的作用）。

脳が利用するブドウ糖量は肝臓で合成する速度と強くリンクしており、緊急時にはアドレナリンを放出して肝臓に蓄えたグリコーゲンからブドウ糖を放出させ、合成が進みすぎたときにはフィードバック機構が作動して合成を抑制します。また、大過剰のときにはインスリンを分泌させて脂肪合成に向けますが、このような例は人間だけです。他の類人猿に比べて人の蓄積脂肪が極端に多いのはそれなりの理由がありますがこれはあとの章で述べます。

いずれにしても、肝臓のブドウ糖の合成機構は脳の支配下にあり、肉を大食いしたから脳に大量のエネルギーが供給されるということはないのです。

コラム

ランガムの調理仮説への疑問

ランガムは肉の加熱が食事時間の短縮と消化率の向上をもたらすと主張しています。[3] そして、加熱による消化率向上の証しとして、タマゴの実験結果を示しています。確かに生タマゴは加熱したものに比べて消化率が落ちることは俗説として古くから伝えられてきたことです。1991年に日本人の研究者が、生タマゴにたんぱく質分解酵素の阻害因子であるオボムコイドが含まれていることにより、生のタマゴの消化率が低くなっていることを実証しています。[59] 加熱したタマゴの消化率が上がる理由は、阻害因子が熱により破壊されたことによるのです。日本人は魚を生食する習慣がありますが、生が特段消化が落ちるという意識はありません。むしろ、肉の過度な加熱はたんぱく質を変性させて消化を損なう上に、メイラード反応を促進して栄養素を損失させる可能性がありますす。また、肉の加熱はたんぱく質の変性だけでなく脂肪を滴らせ、油を酸化させるなど栄養価の低下要因になり、肉の加熱は、香ばしい香りをつけていかにもスタミナが付きそうなイメージを私たちに与えますが、風味の向上と衛生学的な効用を除くと、栄養学的な効果はないのです。食物の加熱の意義はたんぱく質や脂肪とは関係のないところにあります。

とはいえ、ランガムが主張する生食が、体重を低下させるという報告は理解できます。人類は火を扱うようになってから、火を手放すことができない特殊な消化器をもった動物になったのです。

燃料となる樹木が育たない草原や荒れ地で暮らす人々に煮炊きに必要な燃料を提供するのは反芻動物が排泄する糞です。反芻動物は大きなルーメン内に栄養的には何の価値もない木くずや枯れ枝と水をたらふくため込んで何日も餌なし、水なしで旅を続けることができます。シルクロードの旅を可能にしたのがラクダであり、北アメリカの開拓民を内陸奥地にまで送り込んだ功労者は馬ではなく牛でした。ルーメン細菌は太陽の恵みを徹底して利用しつくしますが、唯一利用できない成分がリグニンと呼ばれる物質です。反芻動物が排泄する糞はこのリグニンであり、ほとんど匂いもない良質な燃料となります。反芻動物の消化機構は反芻胃こそ巨大ですが、エネルギー効率からみると極めて効率の良いシステムなのです[60]。

第６章 プロメテウスの贈り物

「厳しい太陽が照り付けるアフリカのサバンナで恐ろしい猛獣や猛禽類に怯えながら徘徊する猿人をいたく憐れんだプロメテウスは、大胆にも天上から火をオオウイキョウの茎の中に隠して盗み出し、それを猿人に与えました。

これを知った全能の神のゼウスは烈火のごとく怒ります。彼には、火を扱うことを知った猿人がすぐにも脳を進化させ、発明に次ぐ発明を重ねて原爆や、自然の進化までも操作してクローン人間をつくり出し、やがて人間を超える人工知能までもつくってこの地球を破局に導きかねないことを察知していたのです。ゼウスはプロメテウスを岩壁に縛り付け、大鷲に彼の肝臓を食べさせます。ゼウスの怒りは火を操るようになった人間にも向けられます。神々に命じて土からパンドラという名の女をつくらせ、美しく装わせて人間世界に送り出しました。気まぐれなパンドラは、地上に降りる時にもたされてきた禁断の壺の蓋を開けてしまいます。すると、たちまち壺の中に入っていたあらゆる不幸の種が世界中に飛び散ったのです。驚いたパンドラは慌てて蓋をしましたが、壺の中には一粒の希望という種だけが残っていたのです。以来、人間はいかなる不幸の中でも希望だけは捨てないようになったのです」。

これは、多分に私の稚拙な創作が入っていますが、紀元前700年に書かれたギリシャ神話の一節です。[61] この神話は、火が人類に飛躍をもたらした根源であることを見事に言い当てています。あのダーウィンも人類の進化上の重大事件に言語と火の発見をあげています。その後も、多くの先人が火が人類の進化に何らかの影響を及ぼしたに違いないと感じていましたが、それが何であるか皆目わからなかったのです。

最近になって、ランガムが「調理仮説[3]」を提唱しました。この説は奇抜さも手伝って、雑誌や啓蒙書で盛んに取り上げられてきました。しかし、論理的な展開にやや難点がありそうですが、火が人類を進化させたに違いないという彼の熱い思いは伝わってきます。ここでは、人類に起こった大脳化について、第5章までに取り上げてきた内容を物語風に集約した後で、その内容について疑問点を洗い出し、解析します。

火がもたらした大脳化のシナリオ

ここでは火が人類に大脳化をもたらしたとするシナリオを想像を交えて描きます。そしてこの後で、それらについて逐一検証することにします。

喰うものと喰われるもの

この物語は、地球に太陽風を遮る磁場が形成された古代の海に葉緑素をもった細菌が出現し、太陽の恵みを受けてブドウ糖と酸素をつくり出したときから始まります（第1章参照）。間もなくして、そのブドウ糖を酸素で燃やして太陽のエネルギーを引き出すミトコンドリアが出現したことが転機になって、生物界の飛躍的な進化が始まります。ここに生物界に必要なあらゆる物質の源となるブドウ糖を挟んで喰われるもの（植物界）と喰うもの（動物界）の関係が形成されたのです。

諸刃の剣

最も遅れて出現した哺乳類も、体の司令塔の脳が利用するエネルギー源に根源的なブドウ糖を指名します。哺乳類は、他の動物にはない恒温性（温血性）を確保するために発熱する器官の脳や肝臓の代謝を高め、いかなる動物よりも相対的に大きな脳をもつようになります。体温を維持する最大の発熱組織がアミノ酸からブドウ糖をつくって脳に送り続けている肝臓であり全熱エネルギーの27％、次いで脳が20％、この二つの組織だけで50％近い熱エネルギーを発生しているのです。恒温性が脳を大きくさせたか、大きな脳が恒温性にしたのか、おそらくは相互に作用した結果のようにも思われます。いずれにしても、大きな脳がブドウ糖の必要量を高めることになりました。

ブドウ糖は脳の主要なエネルギー源であるが、それとともにあらゆる物質と結合する強い反応性があり、脳はブドウ糖に対して特別な神経を使うようになります。そこで哺乳類がとった戦略が、ブドウ糖をつくり出す植物から直接それを摂り込まない方法でした。草食動物や雑食動物には植物体に含まれるブドウ糖をルーメン細菌や腸内細菌に食べさせ、自らは細菌が醗酵する有機酸を主要なエネルギー源としたのです。また、動物体はブドウ糖以外のもので構成し、肉食動物にもそれが直接摂れないようにしたのです。結局、哺乳動物は食物からはブドウ糖をほとんど摂ることができなくなったのです（第5章参照）。そして、発達させたのが自ら体内でブドウ糖をつくり出す機構でした。哺乳類は、安定してブドウ糖をつくり出すために、新陳代謝を高めます。体組織のたんぱく質の高いターンオーバーの第一義は脳のエネルギーの安定確保にあったのです。このようにして整然と脳にブドウ糖を供給することがあらゆる哺乳動物の基本命題になったのです。

生物界の不幸の始まり

恐竜が滅んだ後、哺乳類が種を増やして大繁栄（適応放散）して６０００万年の悠久の時が流れました。ところが、２００万年前になってから、霊長類の中から突如哺乳類の命題に背く動物が現れました。それは、ヒト科のホモ属です。ヒトは猿人の末期に偶然食物から直接ブドウ糖を摂る手段を獲得し、これが転機になって脳が拡大しホモ属に進化したのです。ヒトはその後も脳を拡大させて文化的進化を果たし、ブドウ糖に視点をおいたでんぷん性の作物を中心とする農耕を開発するに至ったのです。この人類の大躍進は長い目で見て未来の人類にとって良かったのか、あるいは悪かったのかは分かりませんが、少なくとも地球上のその他の全生物にとっては悪夢の始まりになったことだけは確かです。

風味の変化

チンパンジーとの共通祖先から分岐して出現した初期人類は、ぎこちない二足歩行でサバンナに進出しました。以来、３００万年以上が過ぎ、二足歩行は前よりも格段に上達していました。乾季が終わる頃には決まってどこからともなく火の手が上がり、雨季に芽生える植物に必要な窒素酸化物を大気中に放出します。猿人は迫りくる猛火に対して迂回して風上に行けば助かることを習得していました。まだ方々で火がくすぶっている焼け跡に一匹の猿人が足を踏み入れました。彼は一変したサバンナの風景に興味をもったか、あるいはあまりにも空腹だったのかもしれません。焼け跡には、逃げ遅れた動物の焦げた遺体や半ば焼かれた根茎があることに気が付いたのです。そして、根茎を掘り起こして食べたところ、それまで口にしてきた硬くて苦かった根茎が、軟らかく苦みも消えて甘みさえあることに気が付いたのです。彼は、急ぎ家族を呼んで再び焼け跡を訪れたことは言うまでもありません。この若者は、自分が初めて味わった根茎の一口が、その後の人類にとって大きな一歩であったことを知る由もなかったのです。

次第に火に慣れていった猿人は、焼け跡の残り火を使って焚火をすることを覚え、根茎だけでなく、採集してきたあらゆる食物に土をかぶせてその上で焚火をすることを覚えたのです。これが人類が行った調理の起源でした。

火と石器

私は中学時代によく夜釣りに川へ出かけたものです。釣りそのものよりも、あの深夜の谷川で自然に包み込まれた寂寥感が好きだったのかもしれません。いつだったか、対岸の岩壁めがけて小石を力一杯投げたときに火花が散ったのを鮮明に覚えています。人類がいつから火を扱うようになったのか、それは分かりません。火をもたない猿人はサバンナの恐ろしい夜をどのようにして過ごしたでしょうか。おそらく一斉に立ち上がり、両手に持った石を拍子木のように打ち合わせて迫る猛獣を懸命に威嚇したかもしれません。やがて、片方の石が欠けて先の鋭い石器ができることに気付いたことも考えられます。乾季に石をたたき合わせると火花が飛び散り枯草に燃え移った可能性もあります。

日本でも空気が乾燥した晩秋に静電気が発生して、ドアのノブなどに手を触れた時にバチィと音をたてた衝撃を体験した人は少なくないでしょう。炭鉱の粉塵爆発やガス爆発、ガソリンスタンドや製粉工場の爆発事故の点火源はこの静電気によるものです。静電気による火花や石を打ち合わせたときに発生する火花も温度は２０００度を超えます。

人類の祖先はいつの頃からか石器をつくり出し、石を打ち合わせたときに火花が飛び散ることに気がついたでしょう。乾季に石を打ち合わせれば、たちまち周囲の枯草に火が飛び散ったと思われます。サバンナの乾季の枯草は、火花を受けて炎に変える格好のホグチになるのです。これは私の憶測にすぎないが、人類は石器をつくり始めた早い段階で火を起こすことを会得していた可能性があります。

火がもたらした衝撃

火が人類にもたらしたものは猛獣からの防衛や暖を取ることだけではありません。火が人類にもたらした最大の恩恵は食物の加熱でした。それは言われているようなたんぱく質や脂質の加熱ではありません。ブドウ糖を高度に内蔵している根茎の加熱です。先にも述べたように、生のでんぷん粒子は強固な結晶構造になっており、哺乳動物の消化液を容易に受け付けません。ところが、加熱するだけでこの結晶構造が崩れて、いとも簡単にブドウ糖にまで消化されてほぼ100％体内に吸収されるのです（第5章参照）。これまであらゆる哺乳類の血糖値は脳のコントロール下にありましたが、火の出現により脳も支配できない事態が発生したのです。肝臓で合成される体内合成型のブドウ糖に加えて突如大過剰な食物由来のブドウ糖が脳に侵入してきたのです。不意を衝くエネルギー攻勢に脳が刺激を受けたことは言うまでもありません。平常の生活の中で、脳に強い刺激を及ぼすものは神経伝達物質とブドウ糖ぐらいです。ところが、神経伝達物質は血液脳関門により脳内には侵入できないのです。フリーパスとまではいかないにしても、大量攻勢で脳に刺激を与えることのできる物質はブドウ糖くらいなのです。

大量のブドウ糖の攻勢に対して脳のグリア細胞は、その数を著しく増やしてニューロンに働きかけて神経線維と樹状突起を発達させて新たなシナプスを開発するとともに、神経線維を何重にも包み込んで、神経伝達速度を百倍にも高めて高エネルギー消費型の脳につくり変えたのです（第４章参照）。このようなことは数多い哺乳類の中で、人間にだけ起こったことでした。飛躍的に脳容積の拡大が始まり、わずか50万年ほどの間に人類の脳容積は2倍以上にもなったのです。

火がもたらす血糖値上昇

やや誇張気味の先のストーリーを懐疑的に読まれた方もおられると思います。そこで、ストーリーについて疑問点を解析する前にでんぷんの加熱が血液中のブドウ糖濃度を著しく高めるという基本的な事実を確認しておきます。

ここでマウスを使った簡単な実験の結果を示します。疑いの余地のないこの実験結果は、食物加熱の意味を明確に示しています。

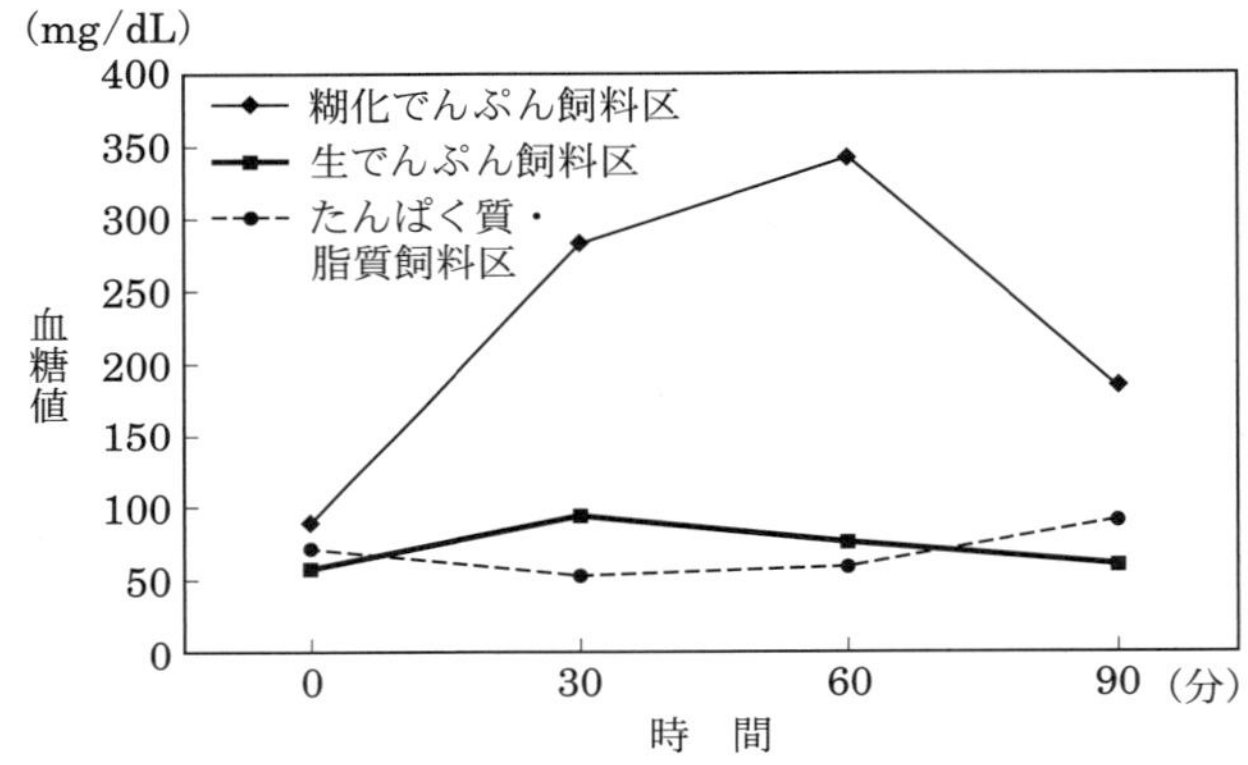

図6.1 ｜ 飼料の種類とマウスの血糖値の変化の関係

実験条件を説明しますと、マウスに水だけ与えて半日間絶食状態において体内グリコーゲンを消費させてから血糖値を測定します。図6・1は、糊化でんぷん、生でんぷん、たんぱく質・脂質（チーズ）の三つの飼料区に分けて食後30分ごとに3回血糖値を追跡したものです。これを見れば一目で加熱した糊化でんぷんの食後の突出した血糖値の異常さが分かります。生でんぷんについても多少の血糖値の上昇が認められるが、この実験に用いたでんぷんは高度に精製した化学研究用であるから、割り引いて考えなければなりません。原料の粉砕や高度の精製処理を一切行わない生のでんぷんであれば食後の血糖値の上昇ははるかに低くなります。

たんぱく質・脂質（チーズ）の試験区は食後の血糖値上昇はまったく認められず、90分後になってやや血糖値の回復が見られました。チーズの成分はたんぱく質と脂質であり、糖質は含まれていません。脂質はグリセリンと脂肪酸がエステル結合したもので、エネルギー源の主体は脂肪酸です。しかし、脂肪酸は体内でブドウ糖合成には使われません。また、たんぱく質はアミノ酸にまで消化されて吸収されるまでにかなりの時間がかかり、しかもアミノ酸からブドウ糖の合成は血糖値を異常に高めるようなものではなく、制御されたものであることを示しています。

仮に血糖値が高くなると、それを下げるためにインスリンが分泌されます。インスリンは肝臓でのブドウ糖合成を抑制するとともに、血液中のブドウ糖をグリコーゲンや脂肪酸の合成に振り向けます。結論として、これまで指摘してきたように、肉食では血糖値は安定に推移し、異常な上昇は起こり得ないことになります。おそらく高エネルギー食が大脳化を促したという説を支持されてきた人々は、脳に大過剰なエネルギー（ブドウ糖）供給が起こったと考えていたと思われますが、大量のエネルギー供給による大脳化説を支持すると、肉食では脳は大きくならないことになります。

大過剰のブドウ糖が脳に殺到するのはでんぷんを加熱したときなのです。

人間に皮下脂肪が多いわけ

『なぜヒトの脳だけが大きくなったのか』[62]という本が出ており、ヒトの脳が大きな理由として蓄積脂肪との相関を論じています。類人猿の蓄積脂肪は7～8％程度であるのに対してヒトはその2倍以上もあり、高度な蓄積脂肪が大食漢の脳の成長をバックアップしているという指摘です。

しかし、先の動物実験でも分かるように、脂肪蓄積を促すインスリン分泌は、でんぷんの加熱によってもたらされた高い血糖値によって誘発されたものであり、人類の高い蓄積脂肪は火を使い出した200万年前以降のことと考えられます。蓄積脂肪の増加と大脳化はいずれも火の使用を起源にしていますが、両者には直接的な関係はないのです。高い蓄積脂肪は飢餓時における生存上の安全保障であり、非常時にケトン体として脳に緊急避難的に供給されるエネルギー源であることから、大脳化を促すブドウ糖とは基本的に性質が異なると考えられます。脂肪酸は脳が直接利用することもなければ、肝臓でのブドウ糖合成の原料にもなりません。脳へのブドウ糖供給は、身体の組織たんぱく質の代謝回転により粛々と行われているのであり、蓄積脂肪の代謝回転など誰も聞いたことはないでしょう。太った人の脳が特段大きく知能が高いということもなければ、やせた人の脳が特に小さく知能も低いということもありません。いずれの人にも脳には必要量のブドウ糖が供給されています。

糖質制限ダイエットブームに思う

糖質制限によるダイエットが流行しているといいます。ゼミ生がこれを卒論のテーマにして取り組んでいます。『炭水化物が人類を滅ぼす――糖質制限からみた生命の科学[63]』というやや過激な題名をつけた本も出回っています。確かに先のマウスを使った実験結果をながめれば、そのような考え方が出てくるのも無理はないように思います。しかし、病気でもない若い人が糖質を徹底的に制限してゼロにするという考え方には多くの問題がありそうです。糖質をゼロにすると、エネルギー源は脂質とたんぱく質からのみ摂取しなければなりません。たんぱく質から必要なエネルギーを50％賄うとしますと、通常の食事から摂るたんぱく量の4倍も食べなければなりません。たんぱく質は体を構成する基本的な物質ですが、人体は毎日一定量の栄養素を食事から摂って、それを分解して排泄することにより体の恒常性を保って健康を維持しています。要するに、食べた分だけは形を変えてすべて排泄しなければならない運命にあるのです。糖質や脂質は炭素と水素、さらに酸素の3元素からできていますから、これらは体のなかで無害な二酸化炭素と水に燃やされて排泄されます。ところがたんぱく質は先の3元素の他に窒素とイオウが含まれています。窒素は有毒な尿素の状態で尿中に排泄されるが、大量の尿素の処理のために腎臓に重い負担がかかることになります。腎臓が悪い透析患者が徹底したたんぱく質制限食を摂っているのはそのような理由によります。

たんぱく質中のイオウは硫酸イオンとして排泄されるが、そのときにカルシウムなどの陽イオンを道連れにします。たんぱく質にはおよそ1％ほどイオウが含まれていますから、たとえば一日に200ｇのたんぱく質を食べれば、イオウの排泄に失われる陽イオンをカルシウム単独で換算すると2000㎎にもなります。実際にはカルシウム以外の陽イオンも失われることになりますが、いずれにしても重要なアルカリ性のミネラルが大量に失われることになります。若い女性が糖質制限食を真に受けてチャレンジすれば、晩年大きなしっぺ返しがくることが目に見えてくるようです。

また、脂質で大量のカロリーを賄うとすると、脂質には種類があるので、その摂取にはバランスを考慮しなければなりません。たとえば脂質を構成する主体の脂肪酸には飽和脂肪酸、一価不飽和脂肪酸、多価不飽和脂肪酸があり、その摂取は3対4対3が理想とされます。また不飽和脂肪酸にはｎ－6系とｎ－3系がありこの摂取割合は4対1が理想とされます。このｎ－6系とｎ－3系は体内でプロスタグランジンなどの相反する生理活性物質に代謝されて体の健全な生理作用の調整に関わるから安易に考えてはならないでしょう。さらに、脂質には無機質や水溶性のビタミン類は一切含まれていませんから、これらの微量必須栄養素の欠乏も考えなければなりません。

種実やイモ類に含まれるでんぷんは次世代のための貯蔵エネルギーであり、これらには種の存続のための新しい生命の息吹の源が含まれているのです。また、三大栄養素の摂取比率には健康面だけでなく、世界の食料事情を背景とした経済的側面もあると考えられます。地球人口が間もなく75億人になり、今世紀は食料戦争、水戦争の時代に入っています。病気でもないこれからの若い世代が、軒並み糖質制限食に走ったとしたら、食料自給率や食産業界など日本経済に及ぼす影響も考えなければなりません。糖質制限食は糖尿病や肥満症の人々には有効な治療食かもしれませんが、健康な若い人がこれを継続することには先に述べた理由から避けた方がよさそうです。

大脳化と脳の発達の違い

この課題は第3章でも述べましたが、「なぜ人間の脳だけが大きくなったのか」という課題を論じるときに、大脳化と成長期の脳の発達がごちゃ混ぜになって論じられているケースがあります。むしろ、大脳化に直接踏み込んだものは見当たらないというのが実情です。以前は二足歩行がズバリ大脳化を促したという説がありましたが、これは二足歩行を開始してからの空白の３００万年間を説明できず、もろくも消えていきました。次に出てきたのが、高エネルギー食説でした。この説は多くの支持者を得ていますが、おそらくこれも消え去る運命にありそうです。しかし、高エネルギー食説やランガムの調理仮説は大脳化に正直に向き合っている点で評価できます。

問題は、大脳化を掲げながら話をすり替えている論説があることです。たとえば、手や指の動きや道具の開発、言葉の発声、唇の動き、はたまた集団生活までもが共進化という名目のもとに、あたかも大脳化を促した主要な要因であるかのように人々に理解されているおそれがあります。しかし、これらは脳が大きくなったことによってもたらされたものです。声の発生や芸術性は大脳化が起こったかなり後になってから獲得した能力です。現代人は１４００ccもの大きな脳をもっていますが、高い知能をもった人もいれば、社会性に欠けた人も少なくありません。相対性理論を発見したアインシュタインは１２８０cc程度の脳でしたが、彼は天才的なひらめきを発揮しました。大脳化が起こらなければ元も子もありませんが、高度な能力は成長期の脳の発達段階の学習によるシナプスのネットワークの問題であり、大脳化とは切り離して考えなければなりません。大脳化は進化の問題で次世代に受け継がれますが、名バイオリニストの高い技術は個人が習得した獲得形質であり、これは遺伝として次世代に受け継がれることはないのです。

現代人がもっている驚くべき感性や能力は、ここ20万年以内に獲得したもので、大脳化と連動して起こったものではないのです。

なぜ人類にだけ大脳化が起こったのか

先に人類に起こった脳進化についての諸説を紹介してきましたが、奇抜で示唆に富んだものはあるものの、いずれも論証に欠けていたようです。これまでに動物の消化生理から人類に起こった大脳化について解析してきましたが、やや回りくどかったかもしれません。ここで、なぜ人類にだけ大脳化が起こったのか、他の動物にはその要素がないのかということについて再度確認しておきます。

エネルギー量に限定した肉食による大脳化説は、必ずしも妥当なものではなく、脳が利用できるブドウ糖に視点を当てて大脳化を考えなければならないことを指摘してきました。

さらに、食物の消化生理の観点から、あらゆる哺乳動物において脳が消費しているエネルギー源は、体内合成型のブドウ糖とケトン体に依存しており、しかも脳のブドウ糖消費速度は肝臓での合成速度と密接にリンクしていることを指摘しています。

このことは一旦形成された脳の維持のために、それに応じてブドウ糖の体内合成が行われるのであり、これを担保しているのが身体組織たんぱく質の半減期です。以上のように見ていくと、仮に大過剰のブドウ糖の脳への流入が刺激になって大脳化が起こったとすれば、今の食性を続ける限り人間以外の動物には半永久的に大脳化は起こらないことになります。

火による大脳化仮説に対する二つの反論

ブドウ糖に視点を当てた火による大脳化仮説に対して専門家の方から二点の指摘がありました。その一つは、人類が火を使い始めた時期は200万年前よりもはるかに後のことであるという指摘です。なかには人類が火を使うようになったのは、ここ20万年前からだと主張する人もおりました。長年アフリカで霊長類の化石研究に携わってきた人の指摘であるだけに、その主張には重いものがあります。火を使った痕跡はそれほどに残りにくいものであることが伺われます。

果たして人類はいつ頃から火を使い始めたのか。最初の発見は北京原人（80〜20万年前）による洞窟内で囲炉裏を使った痕跡からでした。そのため、火の使用はおそらく暖をとって厳しい氷河期を生き抜くために始まったという説が出てきました。その後、イスラエルの78万年前の遺跡から火打石が発見されました。クリストファー・ロイドは、

150万年前には人類は火を使っており、それは火による土の磁場の変化からも明らかだと述べています。[4]

南アフリカのスワルトクランス洞窟の180～100万年前の地層から、焼かれた骨が270個も見つかっており、このうち127個は500度以上の温度で焼かれたことが確認されています。[35] 焼かれた骨が屋外であれば自然発火によるものであることも考えられますが、洞窟内にまで炎が侵入することは考えにくいことです。

しかし、それでもランガムや私が主張する200万年前とは最短でも50万年もの開きがあります。これについては、次に解説します。

指摘された盲点の二つ目は人類がでんぷんを食べるようになったのはここ2万年前のことであり、200万年前とは大きな隔たりがあるという指摘です。しかし、野生のイノシシが数百万年前に山芋やドングリを食べた痕跡がないからでんぷん類を食べなかったと主張する人はいないでしょう。数百万年前のイノシシがそうであったようにサバンナに進出した猿人は、硬い根茎など口に入るものはなんでも食べて歯のエナメル質を厚くさせ、臼歯を大きくさせ、さらに結腸を拡大させて寸胴な体型になったのです。根茎には貯蔵エネルギーのでんぷんが含まれていることを否定できる科学者はいません。

唾液中のでんぷん分解酵素の遺伝子コピーのタイプの数についての研究があります。[1]

それによると穀物を多く食べる民族は七つのタイプを持ち、穀物を食べる習慣のない狩猟採集民族は五つのタイプがあり、15匹のチンパンジーについて調べると、これらのすべてに二つのタイプのあることが分かっています。このことはチンパンジーですらでんぷんを摂取している可能性を示しているのです。これは当然のことで、日中光合成を行っている木の葉を調べれば、ヨードでんぷん反応でそこにでんぷんができていることが分かります。若葉を食べるだけでもでんぷん様物質を摂取していることになるのです。ましてやなんでも食べなければならなかった猿人や原人の主要な食物は植物性でありその主成分はでんぷんなのです。

200万年前に人類が火を使った証し

人類が200万年前に火を使い始めた証しについて解析する前に、なぜ200万年前かということについて説明します。これは猿人からホモ属が出現したのがおよそ200万年前頃という推定によるもので、決して火を使った痕跡が200万年前の遺跡から認められたという訳ではありません。それではホモ属の出現は200万年前かというと、そうとも断定はできません。最古の石器がアフリカタンザニアのオルドバイ渓谷（図2・2、39ページ）の250万年前の地層から発掘され、さらに240万年前頃の地層からホモ・ハビリスの化石が発見されたというがはたしてどうでしょうか。ケニアのクービ・フォラ遺跡（図２・２、39ページ）で２９０万年前の最古のホモ属とされる化石が発見されましたが、この年代が再調査されて１９０万年前に修正されています。[38] 猿人とホモ属の違いは大きな脳であり、２００万年とした根拠です。

それでは、なぜ２００万年前に火を使い始めたと言えるのか、ということについて解析します。その根拠はズバリ体型に現れているのです。ここでは混乱を避けるために大脳化とは切り離して考えることにします。原人の体型は硬い植物性の食物を食べていたために顎は前に突出し、歯は大きく、さらに顎の筋肉を支える矢状稜が頭蓋骨の頂部にあり、腕は足よりも長く、胴は大腸が拡大して寸胴でした。ところが、ホモ属の登場により顎は後退し歯は小型化し、矢状稜は頭頂部から消え、腕よりも足の方が長くなり、大腸は縮小してスリムな体型にいきなり変身しています。このプロポーションの急速な変化は食物の変化がもたらしたものであることは誰でも想像がつくでしょう。それでは、食物の何が変わったのか、これまでの説を振り返って考えてみます。

化石研究偏重がもたらした死肉あさり説

サバンナに進出した猿人の長い時代に彼らが何を食べていたのか、その痕跡は化石研究からは何も見つけ出すことはできません。彼らが食べていた主体は植物性のものであり、これらは風化して跡形もなく消えてしまうからです。そのため、化石研究は動物の化石と石器偏重の考え方になるのは無理はないかもしれませんが、これは実証偏重主義の弊害なのです。動物の骨から肉を引きはがした石器の跡や骨を砕いて骨髄を食べたと思われる痕跡などから、肉食中心の考え方が出てきました。最後には、死肉あさり説まで登場し、雑食動物の人類がいきなり肉食動物に変身したことで、人類に起こった体の変化を説明しようとしました。

しかし、猛獣が徘徊するサバンナでは、彼らこそが猛獣の餌食であり、絶えず捕食者に怯えて暮らしていたのです。彼らは食べられるものはなんでも口に入れなければ生きてはいけなかったのです。ましてやチンパンジー並みの脳しかもたない猿人に道具や狩猟技術があることは考えられず、そのために苦肉の策として考え出されたのが死肉あさり説です。特に骨髄食が強調されていますが、骨髄はコレステロールと高度不飽和脂肪酸が主体でたんぱく質不足になりそうです。しかし、体型を雑食型から一気に肉食型に変えるにはほぼ100%肉食に切り変えなければならないでしょう。果たして猿人にそのようなことが可能でしょうか。何しろライオンですら狩りに失敗して餓死することがあるのです。まれに死肉に遭遇したとしても、彼らは相変わらず、なんでも口に入れなければ生きてはいけなかったのです。それは、ホモ属の時代になっても同じであり、道具を開発して積極的に狩りをするようになっても得られる獲物はごくわずかであり、彼らの主食はメスが採集した植物性の食物でした。このことは、長く文明社会と隔絶していた狩猟採集民の調査からも支持されます。彼らの食物の70％は主に女性が採集した植物性であり、狩りの道具をもった彼らでもこのありさまです。

食物の質を一変させた火の登場

それでは、食物の何が変わったらあのような劇的な体の変化が起こるというのでしょうか。考えられることは、火の使用です。なんでも口に入れなければならなかった猿人には食物を選択する余裕はなく、相変わらずの植物性の食物中心の雑食性であったが、食物の加熱が食物の質を一変させたのです。哺乳動物の消化液で消化吸収できるたんぱく質や脂質には加熱の意義はありません。食物加熱の意義は難消化性の炭水化物、特にでんぷんの消化を著しく高めることはすでに説明したとおりです。それまで大腸を拡大させて腸内細菌ででんぷん類を処理していたが、その必要がなくなり、腸内細菌が待ち受けるでんぷん類も大腸までは到達せず、大腸は急速に縮小しました。あたかも肉食動物のようにコンパクトな消化器に変身した理由は食物の加熱にあったのです。

食物で一変する消化器

脳の容積が2倍になるのに50万年を要しましたが、消化器は食物によって一代で激変します。

北朝鮮の兵士が南北境界線を突破して脱北してきたときに、韓国兵は子どもが投降してきたと思ったといいます。年齢を聞いて再び驚いたといいますが、成長期に栄養不足のために発育が止まったのです。日本でも戦前と戦後の世代で身長差の大きいことが知られていますがこれは成長期の栄養の問題です。

ところが、猿人とホモ属の体に現れた違いは、栄養素の差がもたらしたものではありません。ホモ属に起こった体型の変化は、消化機構が腸内細菌に依存した後腸発酵型から非発酵型に変わったことによってもたらされたものです。消化器は食物の種類によってわずか一代でも変化する事例をあげます。反芻動物の牛や羊は通常の消化液を分泌する胃の前に3個の巨大な前胃をもっています。前胃は巨大な発酵タンクで難消化性の食物をルーメン細菌に委ねて処理しています。この前胃は反芻胃とも呼ばれ、反芻動物のシンボルでもあります。ところが、生まれたばかりの子牛には通常の胃はあっても前胃はほとんど見当たりません。そして、この子牛をミルクのような消化吸収されやすい食物で育てると、ほとんど反芻胃は発達せず、スリムなおなかの牛になります。[57] 信じられないと思いますが、こんなことが一代で起こるのです。反芻胃は難消化性の草などを与えると後天的に発達してくるのです。最近、茨城県の畜産センターをゼミ生と訪問してきました。生まれたばかりの子牛に初乳を与えるとすぐに親から切り離し、２日目には代用乳の他に人工乳と称する直径１㎝ほどの硬い固形の飼料を与えています。この目的はルーメン形成の促進にあるのです。

霊長類は胃が一つの単胃動物ですが、ボルネオのコロブス族のテングザルは通常の胃の前に大きな前胃をもっています。いつのころからか捕食者のチンパンジーに追われて条件の悪い場所に移動して硬い葉を食べているうちに、前胃が形成されるようになったものと思われます。最近、京大の研究グループにより反芻することが確認されました。横浜の動物園ズーラシアにインドネシアから借りたテングザルが飼われていますが、熟したバナナを与えると前胃で異常発酵が起こるため要注意とのことです。

長寿のドマニシ人がかたるもの

１９９１年に高緯度のグルジアで、１７７万年前のドマニシ遺跡から数多くのホモ属の化石が発見され注目されました。その理由は、この化石は最初に出アフリカしたホモ属であり、アフリカの同時代のホモ・エレクトスの脳よりもかなり小さく、大きくなった脳の維持のために高エネルギーの肉を求めて出アフリカしたというアラン・ウォーカーの美食説が否定されたことによります。さらに人々を驚かせたものは、当時としては高寿命の40歳であり、しかもすべての歯を失ってからさらに2年間は生存していたという化石が発見されたことです[38]。この長寿者を生存させた要因として、火の使用の可能性も考えられます。

石器製作は専門職

以上が最近まで考えていたストーリーです。しかし、コミュニケーション能力のない猿人に長期に及んで火を管理することが可能であろうかと、いぶかしく感じる人は多いと思われます。以前学会でチンパンジーの体型も我々とあまり変わらないのではないかという指摘を受けたことがあります。草食主体のゴリラの体型が頑丈型であるのに対して軟らかい果実を主食とするチンパンジーは確かに華奢型です。アウストラロピテクスはなんでも食べて大きな歯と頭頂に矢状稜をもっていましたが、末期には種子などのでんぷん食を主体とする華奢型が出現しています。ホモ属のスリムな体型は、根茎や種子などのでんぷん性の食物と多少の肉食によってもたらされた可能性はあるものの、消化機構が腸内細菌に依存しない非発酵型にシフトして食物から直接ブドウ糖を吸収するようになるためには火の使用を抜きには考えられません。最初の石器製作後間もなくして体型のスリム化や大脳化が始まっています。そこで問題となるのが、石器製作に用いる材質です。石灰岩のようなもろい石材では石器に使用できません。代表的な石材としては火山性の黒曜石やサムカイト、長石、石英、あるいはプランクトンの遺骸が堆積してできたチャートなどです。これらの岩石は黄鉄鉱や縞状鉄鉱石などに打ちつけると、必ず火花が発生します。石器を最初に製作した猿人はその他大多数の猿人の中のほんの1グループ、天才的なひらめきをもった古代のアインシュタインであったのです。偶然発見した石器はその後の生活に欠かせない道具となり、より硬い石材を選び出して石器をつくる彼らは、スペシャリストとしてその技術を次世代に伝えていったのです。その後、石器文化が途絶えることなく長く続いたということは、この時代に文化を伝承するコミュニケーション能力が萌芽していたことの証しなのです。スペシャリストの石器製作者が石を打ち合わせて火を起こすことは容易に考えられ、またその極意を次世代に伝承することも可能であったと思われます。しかし、大多数の猿人の中からほんの1グループから出発した火を扱う文化の痕跡が後世の人々の目に触れるのは、火を使い始めてから50万年以上も後になってからです。

コラム

医療改善のきざし

糖尿病について個人的な話を少し紹介します。私は、十数年前から糖尿病の合併症により網膜症を患っています。今では白杖が欠かせなくなり、文字が読めなくなって何年も経ちます。講義は情報機器を活用してなんとか行っていますが、原稿は開発途上の音声化ソフトで書いており誤植は免れません。

網膜症の発症経緯を説明します。健康診断で血糖値の異常が指摘され、近くの民間総合病院に行ったことから始まりました。この病院は糖尿病内科医1名と眼科医1名が連携するシステムになっていました。治療開始時の過去数か月の平均血糖値を評価するヘモグロビンA1cの値は10を超えていました。この値が6・5を超えると糖尿病ですから、かなり進行していたのです。このとき、3種類の薬が処方され、中に膵臓のインスリン分泌を促して血糖値を低下させるアマリール（1日1回、朝食前に1錠1ミリグラムを服用）がありました。半年ほど過ぎた頃にこの値が8を切るまでになりました。内科の医師は効果が表れたとして、さらにアマリールを夕食時に１錠増やすことを勧めました。眼科の女医はすごいとその効果を賞賛、目が悪くなることはないと太鼓判を押したものです。

それから何か月か過ぎたでしょうか。とんでもないことが進行していることが現実となって現れました。ある日、車でトンネルに入った途端に目の前が真っ暗になり、操縦不能に陥ったのです。すぐに女医のもとに行き、事情を話したところ、彼女の顔はこわばり、ひどく狼狽していることが分かりました。そのときはレーザー手術が必要だとして手術の承諾書を手渡されました。

数日後、この承諾書をもって女医のもとに行ったところ、彼女はここでは対応ができないからと近隣の国立病院の医師にあてた紹介状と網膜症患者に対する治療方法のパンフレット１枚を用意していました。自宅に帰ってこのパンフレットを見て、目が釘付けになりました。これには、その後の治療方法が説明されていたが、その冒頭に網膜症の最大のリスク要因が「急激な血糖値低下」と書かれていたのです。後で知ったことですが、アマリールは膵臓にダメージを与える猛毒で、所要量を減らしていくのが治療の基本だったのです。思い出してみれば、当然行われるべき眼圧検査は一度もなかったのです。

後日談があります。先の国立病院に何度か入院しましたが、あるとき、一人の若者が網膜症で入院してきました。彼によると、やはり健康診断で血糖値の異常を知らされ、近所の内科医院で処方薬を受けたところ、著しく改善したが、なぜかこのようなことになり、今の仕事ができなくなったと、ひどく落胆していました。やはり処方箋からしてアマリールの過剰投与の可能性がありました。しかし、これから先のある若い人だけにあまりにも気の毒で、とてもこの事実を彼に伝えることはできませんでした。聞くところによると、彼は私と同じ町内ですが、原因となった病院は異なります。この国にどれだけの糖尿病性の網膜症患者がいるか確認したことはありませんが、血糖値の急激な低下で失明した人は相当な数になるのではないかと考えています。新しく代わった病院で、ある医師から糖尿病を本当に理解している専門医は神奈川県でもほんの数名しかいないと聞かされ唖然としました。

潜在的な糖尿病患者数は１４００万人、治療中の患者は３５０万人で医療関係者にはドル箱産業です。年間の社会医療費は30兆円を軽く超え、糖尿病の医療費は脳疾患、がん、心疾患に次いで４番目です。最近、幾人もの心ある医師が現行の高インスリン治療法にたいして実体験を踏まえて告発しています。回虫博士で知られる藤田紘一郎氏もそのことを実体験を通して指摘しています。先に紹介した宗田氏の妊娠糖尿病患者に対する糖質制限療法に対して、関係学会からバッシングが始まっているといいます。[54] カロリー制限食と銘打った糖質50〜60％の食事にインスリン分泌薬を投与する矛盾、新井圭輔氏の高血糖値ではなく高インスリンが恐ろしい合併症の元凶という指摘は衝撃です。[64] 糖尿病だけでなく、コレステロールの恐怖神話の崩壊[65]など、現行の医療に対する人々の不信感が確実に拡大しているようです。このことを早くに知っていたら今の私はいなかったかもしれません。しかし、11年前に目の治療で入院したことがきっかけになり『火の人類進化論[2]』を書きあげました。以来、人類進化の推考を楽しんできましたから万事塞翁が馬かもしれません。

第7章 連鎖的急進化の遺伝発現

火の発見が人類に連鎖的な急進化をもたらしました。食物の加熱が消化機構をそれまでの細菌依存の発酵型から非発酵型に変え、それから大きく二つの方向に進化が進みます。その一つは、食物から直接ブドウ糖を得る手段を獲得したことにより大脳化が促進され、大量のエネルギーを消費する大きな脳が体毛の消失と汗腺の発達を促します。また、高まる血糖値は蓄積脂肪の増大をもたらし、それが体毛の消失につながります。

二つ目の進化の流れは、消化機構が変わったことにより体型がスリムになり、それと連動して骨盤が縮小して二足歩行の機構がより高度なものになります。二足歩行の高度化は運動量を増大させ、大量のエネルギーを消費する大脳化とも相まって体毛の消失、汗腺の発達が促されます。ここでは連鎖的急進化の現象を解析した後、それが進化として遺伝発現する機構について考えます。

連鎖的急進化の流れ

風貌の変化と歯の小型化

樹上生活時代の人類は果実を主食にしていましたが、厳しいサバンナに進出すると食物の種類が大きく変わり、植物の種子や根茎を主食に、小動物のミミズや昆虫など口に入るものはなんでも食べる高度な雑食性を獲得します。特に硬くて消化しにくい植物性の食物を多く食べるために咀嚼筋が発達し、それを支える矢状稜が頭頂部に突き出していました。顎はチンパンジーのように突出し、頭頂部はゴリラのように矢状稜が突出して、なんでも噛み砕く歯は大きく、歯のエナメル質は樹上時代に比べて格段に厚くなりました。

ところが、ホモ属の登場により風貌が一変します。咀嚼筋が退化して頭頂部にあった矢状稜がなくなり、突き出た顎が退行してU字型の顎がアーチ型になり、大きな口がコンパクトになり、歯が一斉に小型化し、顔は平らになりました（図7・1）。このような人類に突然起こった顔の変化を先に紹介したネオテニー説で説明する研究者もいますが、これはポルトマン[50]が指摘したように首から上だけを捉えた誤った推測にすぎないようで

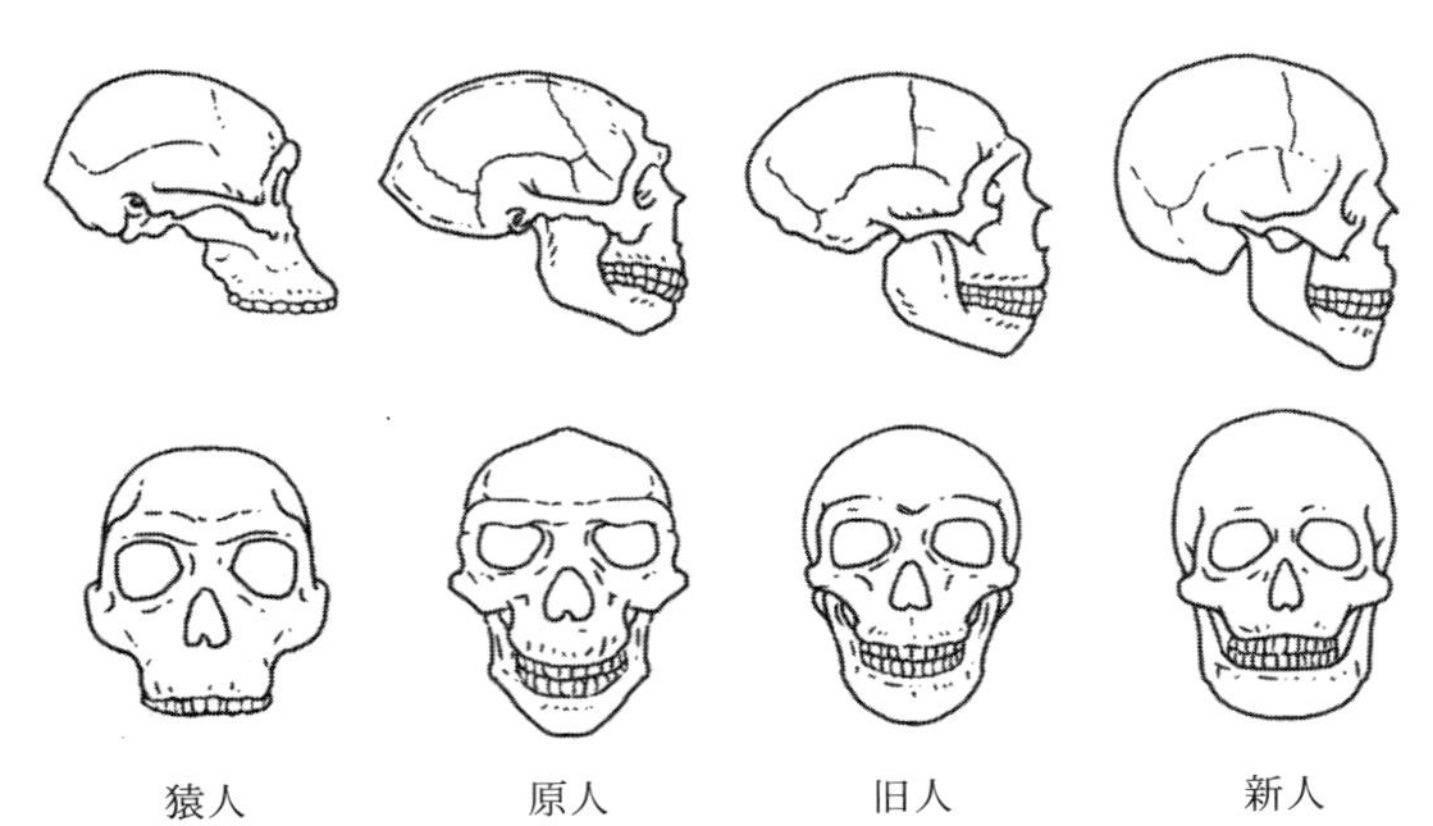

図7.1 │ 化石人骨の頭蓋の比較

す。

強固な咀嚼筋が大脳化を阻む要因であるとして、これと肉食がセットにして論じられています。しかし、原始的な石器で肉を切り分けることは難しい上に、たとえそれを切り分けたとしても両手でそれをつかみ、筋の多い野生の動物の肉を引きちぎり、さらに細かく噛み切るにはよほどの咀嚼力が必要であり、また、ホモ属の歯はそれにふさわしい尖った形にはなっていません。肉食のオオカミですら矢状稜があるといいます。ランガムは、わずか２００ｇの生肉を食べるのに45分間も噛み続けなければならないと述べています。生肉食では風貌を一変させることは無理なのです。

末期の猿人の風貌を一変させるような食物

は食性の変化ではなく、偶然発見した火によってもたらされたと考える方が自然に思われます。植物を加熱すれば、すべてが軟らかくなり、それまでとても口にできなかった硬くて苦いものまでが食べられるようになるのです。また、偶然肉を手に入れたとしても、加熱すれば素手で肉を引きちぎり、分けあたえることが可能になるのです。

体型をスリムにさせたもの

リーキーは、猿人とホモ属の違いとして体型の変化を指摘しています。[32]図7・2でも分かるように、猿人からホモ属における極端な体型の変化は、食物が一新したことを示します。ホモ属のスリムな体型は、腸内細菌に依存した消化機構が、腸内細菌に依存しない非発酵型の消化器にシフトしたことを強く示唆します。すなわち、胃が小さく、小腸も短くなり、何よりも腸内細菌が棲息していた大きな結腸が縮小したのです。この消化器は肉食動物を想起させます。そのため、多くの人類学者がホモ属を出現

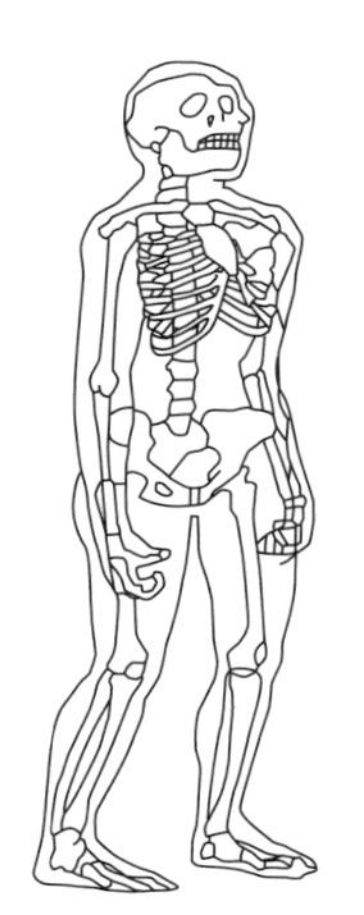

図7.2｜骨格の比較（濱田穣『なぜヒトの脳だけが大きくなったのか』講談社，2007より）

させたものを肉食に求めています。しかし、脳の小さな猿人がいきなり名ハンターになってホモ属に進化することは考えにくく、ハンター説は消え去ろうとしています。それに代わって出てきたのが、死肉あさり説でした。しかし、先にも述べたように、彼ら自身が捕食者から絶えず襲われる身なのです。仮に偶然死肉にありついたとしても、彼らの食性を変えて消化機構を非発酵型にシフトさせたと考えるにはかなり無理があります。

高エネルギーをよりどころとした肉食説は、大きくなった脳の維持には効果があっても、大脳化を促す科学的根拠が見つからないのです。どんなに肉を多食したとしても、それとは関係なくブドウ糖は脳の消費量と密接にリンクして体内で粛々と合成されるのであり、脳にいかなる刺激も及ばないのです。

人類の消化機構が火の発見と連動して進化したことは、ランガムの研究からも裏付けられるのです。彼によると、生食にすると体重が激減するといいます。非発酵型にシフトした人類の消化器は、もはや食物を加熱しなければ、植物性の食物から有効に栄養素を取り出すことができない体になったことを示しているのです。人類は火がなければ満足に生きられない体に進化したのであり、食物を加熱する燃料を求めて森を破壊し、石炭や石油を掘りつくす環境破壊者になった所以でもあります。

長距離ランナーに変身させたもの

猿人は腸内細菌に依存した長大な消化器をもって二足歩行を可能にするために、内臓や大きくなった消化器を受け取る骨盤を大きなお椀型に進化させていました。そのため、寸胴で足はがに股でぎこちない歩行をしていました。

ところが、ホモ属の登場によって消化機構が非発酵型にシフトしたために消化器が急速に縮小し、それまでの大きな骨盤の必要性が低下し、やや引き締まったものに進化しました。その結果、ホモ属の胴は腰にくびれがあるスリム型に変わり、がに股がなくなり、より機能的で省エネの振り子型の歩行に進化しました。骨盤の縮小は体型をスリムにさせ二足歩行の機能を高めましたが、産道を狭め長い陣痛をもたらすことになりました。

ぎこちないよちよち歩きの猿人を長距離ランナーに変身させたものは、火の発見によってもたらされた体型のスリム化と大脳化、体毛の消失、汗腺の発達でした。これにより人類の行動範囲は飛躍的に拡大します。

けものを人間に変えたもの

ホモ属が出現した２００万年前は、地球に氷河期がおよそ10万年周期で訪れる寒冷な時代に入った頃です。現在は温暖な間氷期で、１万５千年ほど続いています。氷河期・間氷期サイクルでは、間氷期が全期間の１・５〜３割ですから、大半は氷河期が占めています。このような寒い時代に入ってから、人類の祖先はいきなり厚い毛皮のコートを脱ぎ捨てます。なぜ人類は高価なコートを脱ぎ捨てて裸になったのか。人類が厚い体毛を消失した理由を考えた最初の人はダーウィンです。彼は、男女とも毛の薄い異性を好んだという性選択説をとっています。体毛が退化した理由について、これまでに三つの説があります。[58] その一つは、日が照り付けるサバンナに進出したことにより、体温調節のために体毛を消失させて汗をかく必要があり、厳しい日差しから頭を守るために頭髪を残したというサバンナ説です。二つ目は、幼児は毛が薄いことから、幼児の形質を残したまま成熟したというネオテニー説です。三つ目は、人類はかつて水の中でくらしていたために体毛をなくしたが、頭だけは水面上に出して頭髪を残したという水生説です。

この三つの説でもっともらしいのは体温調節のサバンナ説ですが、これも疑問がないわけではありません。人類がサバンナに進出してからの長い猿人の時代に体毛を消失する兆しがなかったのはどのような理由か、またその後、なぜホモ属になった途端に体毛の消失が始まったのかという疑問です。２００万年前にホモ属が出現した後も厚い体毛をもった猿人のアウストラロピテクスは、およそ１００万年前まで生存していました。

なぜホモ属だけなのか。厚い体毛の消失はホモ属と猿人との生理学的な違いから考察しなければならないでしょう。

けものには大脳化は起こらない

人間には薄い体毛のうぶ毛があり、その本数はチンパンジーやオランウータンなどよりも多いといいます。現代でも先祖返りのように顔から体全体が厚い体毛に覆われた多毛症の人がごくまれにいますが、体毛の長さは10～20㎝もあるといいます[58]。これほどではないとしても、猿人時代の体毛の厚さはかなりなものであった可能性があります。この厚い体毛が消失した理由を考えてみます。

謎を解くヒントの一つは皮下脂肪です。海に戻ったクジラは体毛の代わりに厚い皮下脂肪によって体から熱が奪われるのを防いでいます。

毛のない哺乳動物は水中で暮らす仲間だけでなく陸上にもいます。ゾウやサイなどは体を大きくして、体重当たりの体表面積を小さくしている上に皮下脂肪を厚くして体から熱が奪われるのを防いでいます。どうやら体毛と皮下脂肪の間には対向性のあることが分かります。現代人と他の類人猿の蓄積脂肪を比較した研究があり、人間は他の類人猿に比べて2～3倍も多いことをすでに紹介しました。

脂肪の体内蓄積を促すホルモンはインスリンであり、インスリンは高い血糖値、すなわちブドウ糖で分泌が促されます。もうお分かりでしょう。ブドウ糖を体内に吸収させて血糖値の異常上昇をもたらす根源は火の使用であることが。

サバンナから掘り出した根茎を加熱して生でんぷんを糊化させたことが生体に異変をもたらし、脂肪の蓄積と大脳化が促されました。大脳化と脂肪蓄積は連動して起こったのです。根茎の調理は消化機構を腸内細菌依存の発酵型から宿主主体の非発酵型にシフトさせて消化器を縮小させ、骨盤をコンパクトにして二足歩行機能を効率的なものにして行動範囲を拡大させました。

増大を続ける脳、高まる運動量は大量のエネルギー消費を伴います。消費されるエネルギーは、やがて熱エネルギーとして体表面から放散しなければ、暑いサバンナではたちまち熱中症でやられてしまいます。そのため、厚い体毛を消失させ、それに代わって汗腺を発達させたのです。大脳化が厚い体毛を消失させたのか、体毛の消失が大脳化を促したのか、いずれにしてもこれらは相互に作用して起こったのです。

汗腺には二種類あり、それはフェロモンなどを分泌するアポクリン腺と塩分を除いてほとんど真水を分泌するエクリン腺です。前者は現代人では腋臭にありますが、類人猿ではこれが主体でほぼ全身にあります。人類が体毛を消失させて体表面に発達させたのが後者のエクリン腺です。１ｇの汗は蒸発するときに５００カロリー以上もの熱を体表面から奪って、体表面を急速に冷却します。

火は脳を拡大させ、運動量を増やして大量のエネルギーを消費する動物につくり変えましたが、それとともに体型をスリムにして体重当たりの体表面積を拡大させた上に、体毛を消失させて汗腺を発達させ、いかなる動物よりも頭を使って汗水流して働く動物に変えたのです。

そして大脳化がほぼ完成に近づいた数十万年前になってから、人類が次に行ったのがシナプスの大改造です。目や口や指など、体のあらゆる機能だけでなく、精神性をつかさどる部分までも改造を加え、それは今も続いています。

コミュニケーション能力と文化の伝承

「火の人類進化仮説」に対する大多数の専門家の見解は、「言語中枢が発達せずコミュニケーション能力のない２００万年前の猿人に火が扱えるはずがない」ということではないかと思われます。ところが、言語中枢のない野生の動物は生きる術を親から非言語コミュニケーションにより学んでいます。人間にその動物が育てられると彼らはもはや野性に戻ることができません。私は、南米のジャングルに棲息するオマキザルの子どもが硬いヤシの実を石で割るコツを大人の仕草を観察して習得している様子の映像を見て強い衝撃を受けたことがあります。言語が発達していなくても文化は伝承されるのです。

チンパンジーに石器の作り方を教えても、ついにそれを習得することはできなかったといいます。このことは、彼らに目的意識がなかったこともありますが、石器製作はそれほど簡単なことではないことを示しています。200万年前頃から始まった石器文化は、その後改良を加えながら最近まで連綿と受け継がれてきました。これこそが200万年前の猿人にコミュニケーション能力が備わっていた証なのです。

群馬県の富岡市にある県立科学史博物館に初期人類が石器製作を行っている模型が陳列されていますが、そこで製作に用いられている岩石がチャートでした。石器の製作に使われる石材は硬いものでなくてはならず、また初期の石器製作では石を打ち合わせてつくっていたことから早い段階で火花が飛び散ることに気づいていたはずです。これがごく一部のエリート集団によって伝承されていったことは容易に想像できることです。

エピゲノムによる遺伝発現

怪しくなってきた突然変異説

ダーウィンは、環境によって長い間に個体差が生じ、生存に不利な個体差は消えて有利な個体差が生き残り、進化はこれが親から子に伝えられることによって起こるという自然選択説を考えました[43]。その後、遺伝子のＤＮＡが解明され、ダーウィンが指摘した個体差が突然変異によって生じ、それが子孫に受け継がれるという進化論に発展しました。

ところが最近になって、進化が突然変異によって起こるという説があやしくなってきました。１９９０年に米国政府は３０００億円の予算でヒトのゲノムのすべてを解読するヒトゲノム計画を始めました。その後まもなくして、主要各国で分担して進められました。その結果分かったのは、たんぱく質をコードしている遺伝子は、予想に反して全ゲノムの２％にすぎず、それは2万5千個ほどのＤＮＡだったのです。その他の大部分の遺伝子はジャンクＤＮＡと呼ばれました。

５億年も前のカンブリア期の１００ミクロンほどの動物に私たちの体を形成するＤＮ

Aのすべてがそろっていました[66]。第2章でも述べましたが、脊椎動物の原型であるホヤやウニにあらゆる動物の体を形成するDNAがすでにあり、魚類から両生類、爬虫類、哺乳類に進化しても遺伝子には大きな変化がなかったのです。藤田紘一郎氏によると、細胞数60兆個のヒトのDNAは2万5千個だが、細胞数わずか1千個の回虫のそれは2万個もあるといいますから[67]、先のカンブリア期の初期動物の話とも符合します。このことは、遺伝子は新しくつくられるものではなく、そのため進化は新しい遺伝子の出現によって起こるのではないことを示唆しています。それは、ヒトはチンパンジーとの共通祖先からおよそ500万年前に分岐して出現したが、DNAの違いは1・23％にすぎず、たんぱく質のアミノ酸配列はほとんど同じであったことからも裏付けられます。

見直されたジャンクDNA

米国がヒトゲノム計画を国家戦略として果敢に推進した背景には、遺伝子治療があったのです。生活習慣病などは遺伝子の突然変異によってもたらされると考えられていました。ところが、遺伝子の数が予想外に少なかったことから関係者を落胆させたとのことです。

竹内 薫・丸山篤史の両氏は著書に遺伝子治療の実態について、「現時点で遺伝子治療や再生医療と呼ばれるものはあくまで実験室レベルのお話であって、効果や安全性などを確認できたものはほんのわずかにすぎません。しかも、誰にでも効果があるかのように喧伝することには問題があります」と警告を発しています。[68] 疾病の多くはたった一つの遺伝子の突然変異で起こるという単純なものではなく、環境要因などが複雑に作用して発生します。２００３年にヒトゲノム計画が完結し、その後を受けて、ジャンクＤＮＡがなんのためにあるのかを解明する国際的な研究がスタートしました。最近になって、このガラクタ遺伝子とされていたものの中に、生命活動になんらかの作用をするものがあることが分かってきました。それらはたんぱく質をコードしている遺伝子の働きをコントロールするスイッチの役割を演じ、疾病の発生はこれによって起こるのではないかと考えられるようになってきたのです。

大脳化を促すスイッチ

進化や病気の多くは遺伝子の変異によるものではありません。

ダーウィンの時代には、遺伝子の存在すら分かっていなかったことから、進化が遺伝子の変異によって起こるという考え方は後世になってから出てきたことです。むしろダーウィンは、「現存するすべての生物は、はるかな過去に誕生した一種類の生物の子孫である。その一種類が長い時間をかけてさまざまに変化することで今日のような多種多様な生物が生まれた。生物は自然選択の作用によって変化する。自然選択というのは簡単にいえば、生存に有利な生物が生き残って子孫を残し不利な生物が滅びるということである」と述べています[43]。彼の考え方には、突然変異というイメージはありません。たとえば魚が両生類のカエルに進化したときに、たった一つの遺伝子の突然変異で起こるはずはありません。魚からカエルに進化するには、あらゆる組織になんらかの大きな変化が起こらなければならず、これが突然変異で起こるなら、膨大な遺伝子の変異が起こらなければなりません。ところが、そのようなことは起こっていないのです。

ダーウィンの長い時間をかけて進化するという考え方は、人々に大きな影響を及ぼしました。脳が二足歩行や手の使用、道具の開発などによって次第に大きくなったという誤った考え方は、やはりダーウィンの影響を受けたものです。しかし、彼の説に対して反論する考え方もあります。それは、キリンの首やゾウの鼻が長い時間をかけて起こったのであれば、その中間種の化石が発見されてもいいのではないかという意見です。

そこで、出てきたのがエリドリッチとグールドの断続平衡説[35]です。彼らの説は、大進化は連続的ではなく唐突に起こり、やがて長く留まるという、進化は階段状に起こるという考え方です。たとえばチンパンジーとの共通祖先を土台にしてその上に一気に人類が出現するというものです。これは一見、突然変異が起こったようにも見えますが、遺伝子はほとんど同じですからこれは否定することができます。

２００万年前に人類に突如起こった大脳化は、それに伴って先に紹介した数々の連鎖的急進化が起こりましたが、これも断続進化の典型例と考えられます。この一連の進化ではほぼ全身の組織に何らかの変化が生じたが、これも突然変異によって起こったのではありません。

それでは、一体どのようにしてこのような規模の大きな変化が現れ、それがいかにして子孫に受け継がれるようになったのか、これは大きな謎です。

そこで考えられるのが、たんぱく質のコードを示す遺伝子のスイッチのオン・オフを切り換える調節遺伝子の存在です。ダーウィンは「ゾウやイルカ、コウモリはいずれも哺乳類だが、とても同じ仲間から進化してきたとは思えない。しかしよく観察すると、これらの動物は共通の材料からできていることに気が付くだろう」と述べています。ゾウならば、遺伝子の塩基配列を何ら変えることなく、ゾウの鼻を形成している遺伝子のスイッチをオンにすればよいことになります。キリンならば、首の形成に関与する遺伝子のスイッチを入れるだけでよいのです。また、イルカは、陸に上がった動物の四肢を形成する遺伝子をオフにさせ、前肢は元のヒレに戻し、後肢は退化させて痕跡程度の骨だけを残せばよいのです。

　このように遺伝子の塩基配列はなんら変異させることなく、遺伝子が発現するタイミングや量、場所が変わることによって変化し、多彩な動物が進化してきたと考えることができます。

　このように基本ＤＮＡの塩基配列は、なんら変わることなく多彩な生物が出現する理由を説明する説として、最近「並行遺伝システム（エピゲノム）」という考え方が出てきました。このエピゲノムはゲノムではなく、ＤＮＡの発現を調節するシステムです。

　ＤＮＡはヒストンと呼ばれる円盤状のたんぱく質にコイル状に巻きついてコンパクトに染色体に収まっています。このヒストンの末端にエピジェネティク（後成遺伝）因子が結合すると、ＤＮＡのメチル化やヒストン修飾の状態になり、ＤＮＡとヒストンの間に弛みができて遺伝子の発現スイッチの切り替えが起こります。遺伝子発現を調節するエピジェネティク因子に直接・間接的に刺激を及ぼしているのが環境要因です。これらには環境化学物質、薬物、薬剤、加齢、食物、ストレスなどがあり、発生期、胎児、乳幼児には特に影響が大きいと考えられています。エピゲノムで思い出すことは、１９５０年代後期に世界的に発生したサリドマイド薬害事件です。この事件では、数多くの妊婦がサリドマイド社の睡眠薬を服用して、重度の奇形児が発生しました。患者は腕や足がなく、肩口から手が出、股先から足が出るという残酷なもので、アザラシ肢症と呼ばれました。母親が飲んだ睡眠薬がエピジェネティク因子として作用し腕や足を伸長させる遺伝子のスイッチをオフにさせた事例です。

現在エピゲノムが注目されている分野は、成長期の脳のシナプス形成に及ぼすストレスの影響[41]や疾病に及ぼす生活習慣[67]など主に医療関係です。しかし、たった一つの受精卵が分裂して分化し、それぞれ独自の組織に成長しますが、体を構成している60兆個の細胞の遺伝子はすべて同じコピーです。この細胞分化の発現機構はよく分かっていませんが、このエピゲノムとは無縁ではないはずです。[67]クローン動物は遺伝子万能の考え方から生まれた技術です。目的の動物の核を卵細胞に埋め込んで、受精卵のように分裂・分化させればそっくりの動物になるというものでした。ところが、実際にはその通りにはならず、クローンビジネスは失敗したといいます。これこそが、遺伝子の発現には環境要因が複雑に関与しており、まさにエピゲノムが作用していることを示唆しています。

ここで話を大脳化に戻します。大脳化やそれに伴う連鎖的急進化は断続平衡説によるものです。そして、それを成立させるのにその環境因子に連続的に暴露する必要はなく、それはほんの数回の暴露でも充分であると考えられます。

そして脳にエピジェネティクスを引き起こして大脳化を促す環境要因の最有力候補は、ブドウ糖ではないかというのが私の提案です。やや強引な論法と受け取られるかもしれませんが、エピジェネティクス（後成遺伝学）はこれから本格的に解明されようとしている課題なのです。

火の発見

人類がいつ火を使い始めたかが「火の人類進化説」を論理的に説明する上でネックとなって残されています。しかし、多くの猿人がいる中で、たったひとグループが偶然焚火をしたとしても、その跡はたちまち消え去っており、それを見つけることは不可能です。また、彼らが火を扱うことができなかったとしても、自然発火による野火の焼け跡で、棒切れを使って食べ物をあさったことは容易に考えられます。そのときに棒切れの先に残り火が移り、それが猛獣に対して威嚇になることに気付いたかもしれません。また偶然、半分焼け焦げた根茎を探し出してその風味の良さに気付いた可能性もあります。ほんのこれだけの体験で、脳に高濃度のブドウ糖が送り込まれ、かつて体験したこともない衝撃が脳に走った可能性があります。脳と遺伝子、どちらが主で従か分かりませんが、相互にこの環境の激変に対応したことが考えられます。

２００万年前に人類が火を使ったということを実証するものは何も残されていません。しかしそれを間接的に裏付けるものは、先にも述べましたがそれによって起こった連鎖的進化の数々です。

第8章 遅い成長と長寿

大脳化がもたらした遅い成長

大脳化の功罪

ヒトの子どもほど成長が遅く、手のかかる動物はいません。マウスは生後1か月もすれば子を宿し、2年ほどで一生を終えます。ニワトリのブロイラーは1か月もすれば自力で立てないほどに太り、鶏肉として出荷されます。ブタの子どもは生後4～5か月で体重が110kgを超えてハムの原料にされます。ウシはもう少し長く1年半ほどで体重が700kgになり、出荷の準備に入ります。なんとはかない命でしょう。

それに対してヒトの乳児は生まれてしばらくは目も見えず、できることといえばミルクを飲んで排泄し、ぐずって眠ることだけです。しばらくは自力で寝返りを打つこともできず、なんとかつかまり立ちできるようになるのは1年後です。その後もヒトの乳児は聞き分けがきかず、いつまでも目が離せません。これほど無防備で手のかかる動物はヒトの子ども以外にはいません。

野生の動物は生まれ落ちるとすぐに立ち上がり、母親の乳首にむしゃぶりつきます。一息乳を飲むと、捕食者に気付かれないように母親とその場を駆け去ります。チンパンジーの生まれたばかりの子どもは、母親の背なかに自力で登り、振り落とされないように背なかの毛をしっかりと握りしめます。ところがヒトの乳児は骨が軟骨状態で、神経や筋肉も発達しておらず、しばらくは身を動かすことすらできないのです。このようなヒトの子どもにしか見られない特殊な性質は、大脳化という進化によってもたらされたものです。ヒトは大脳化によって高度な知能をもつ動物になりましたが、それは正の部分だけでなく、負の側面ももたらし、さまざまな社会問題になって現れているのです。

ヒトの子どもが未熟なわけ

ポルトマンは、人間の子どもは生理的早産で生まれており、生まれたばかりの子が他の動物並みに振る舞えるようになるためには、あと1年間は母胎内で育たなければならなかったと主張しています。[50] そして彼は、誕生後の1年間は母胎内で暮らすことと同じであり、人間の尊厳はこの誕生後の1年間に獲得されると述べています。この意味するところは次の章を読んでいただければお分かりいただけるはずです。

それでは、ヒトの新生児は類人猿に比べて在胎期間が短く、軽い体重で生まれているかというと、そうではありません。ヒトの新生児はどの類人猿よりも在胎期間は長く、重い体重で生まれているのです。その事実をポルトマンのデータから確認することにします。在胎期間はヒトが280日、チンパンジー230日、ゴリラ257日です。新生児の体重はヒトが3200g、チンパンジー1890g、ゴリラ1500〜1800gです。ヒトの新生児は、成長すると体重が100kgを超えるゴリラの子どもの2倍ほどの体重で生まれていることになります。このどこが早産なのか、首を傾げたくなります。

それでは、何がヒトの子どもを未熟にさせているのか、脳について調べることにします。誕生直後の脳重量は、ヒトが360〜400g、類人猿は一律130gとポルトマンは推定していますが、この値はもう少し高く150〜200gの範囲にあると考えられます。ちなみに大人の脳重量は、ヒト1450g、チンパンジー400g、ゴリラ430gです。

類人猿の誕生時の脳重量は諸説あってはっきりしませんが、体重のおよそ9％であるから、この値に体重を乗じれば推定することができます。ちなみにヒトは12％です。チップ・ウォルターは、ほとんどのサルが大人の70％の大きさの脳をもって生まれるのに対して、ヒトは23％にすぎないと述べています。また、ほとんどのサルが生後半年で脳の成長が完了し、成長の遅いチンパンジーでも12か月で終了するといいます[41]。

それに対して、ヒトの脳は先にも述べましたが、誕生後３年で60％、６歳で90％、９歳で成長は終わり、思春期に入ってからそれまでの情動的な脳から社会的な脳へ切り換えるためのシナプスの大改造が起こっておよそ20歳でほぼ完成します。

いずれにしても、ヒトは極端に大きな脳で生まれているにも関わらず、脳は誕生後になってからさらに４倍にも成長することが分かります。ヒトの子どもが極端に未熟な理由は、脳の重量ではなく、低い完成度で生まれ、しかもその後完成するまで長い期間を要したためだったのです。ポルトマンが、ヒトの子どもが生まれる状態を臨床的な早産ではなく、生理的早産と呼んだのはこのような理由があったのです。

ヒトの子どもはなぜ成長が遅いのか

哺乳類の中でヒトの子どもほど未熟な状態で生まれ、その後の成長速度もこれほど遅い動物もいません。それをもたらしたのも大脳化です。脳の細胞は全体が一斉に増えるのではなく段階を経て増えます。運動や知能をつかさどる大脳新皮質は、先に述べた脳の基本的な五つの領域がほぼ完成した後につくられることから、かなりの期間がかかることになります。猿人に比べてヒトは脳が3倍になったために、脳の成長期間もおよそ3倍かかることになりました。脳は体全体をコントロールする中枢神経の拠点ですから、あらゆる身体組織のなかでどこよりも先行して発達する組織です。この脳の成長期間が大脳化によって3倍もかかることになったため、体全体の成長はさらに遅れることになります。体の成長速度が遅いということは、単に大人になるまでに時間がかかるというだけでなく、その間にさまざまな環境要因が成長に影響を及ぼすことになります。

成長速度が速い動物ほど精神因子が低い

一般に親はわが子の成長が早いほど喜ばれるようですが、これはそう喜んでばかりもいられない問題なのです。第2章でスネルの精神因子（知性としての脳重量比）について触れましたが、現代人は哺乳類の中でもこの値が突出しています。この値は本能的な行動をとる動物になるほど低くなり、学習に依存するにしたがって大きくなります。また、この値は新生児の成長速度と負の関係にあり、成長が早い動物ほど知能は低くなります。

人類は、速い成長と多産という戦略に対抗して、遅い成長戦略で高度な知能をもつ子孫をつくり出す逆転の発想で繁栄した変わり者といえます。その意味では、より安全な胎内を早くに放棄し、あまりにも未熟な嬰児を危険な環境に無理やり押し出すというきわどい賭けに出たことになります。そして、長期間の脳の成長に対応した学習を作用させて高速のシナプスを形成し、単機能型から高速の多機能型の脳にシフトさせることに成功したと言えます。各機能を発揮するシナプスの形成には、それに対応した学習体験が必要ですが、それには臨界期（感受性期ともいう）があります。これについて最初に明らかにされたのは、視覚野のシナプス形成です。生まれたばかりの仔猫を暗室に２週間入れておくとその後明るい環境においても視覚を取り戻すことはできません。光を通じて物体を見分けるシナプスが形成されなかったためで、ヒトの乳児でも３～５歳の間に暗室におくとやはり視覚を失うといいます。臨界期があるのは視覚だけでなく、言語機能の発達など、ありとあらゆるものの機能の開発に臨界期があります。人類は大脳化によって学習を宿命づけられたのであり、成長に応じて適切な学習機会が与えられなければ、生涯自力では生きていけなくなったのです。

速い成長は知能の発達を阻む

ヒトの高度な知能は長い成長期間、すなわち遅い成長によって育まれたものでした。言葉を代えると、速すぎる成長は知能の発達を阻むということになります。子どもの早熟化が指摘されて久しいのですが、成長を早めているものは何でしょうか。哺乳動物の生後の成長速度に影響を及ぼす因子に乳汁があります。成長速度と乳汁に含まれるたんぱく質と無機質の濃度に正の相関が認められています。この二つの成分の濃度が高い動物ほど速く成長します。そして、速く成長するほど脳重量は小さくなります。たとえば乳汁中のたんぱく質濃度はヒトが最も薄く1％程度で、次いで類人猿が1・5％、ウシでは3・5％ほどです。ヒトの乳児に牛乳を母乳代わりに与えることがいかに危険なことかが分かります。厚労省が5年ごとに見直している食事摂取基準（第5版）に、0〜6か月齢児の栄養摂取目標が母乳と人工乳で分けて書かれていました。人工乳ではたんぱく質や無機質の濃度が母乳よりも50％ほど高くなっていました。新しい改訂版では母乳の成分に一本化されていましたから、人工乳が否定されたととらえることができます。おそらくどこからか批判がでたのでしょう。かつて粉ミルク業界が赤ちゃんの成長コンテストを主催し、粉ミルクで育てると成長が速いことが喧伝された時代がありました。速い成長はさまざまな問題につながる可能性をはらんでいますが、粉ミルクと知能指数の低下との相関を指摘する報告もあります。

長い成長期間は高度な知能をつけ、人間社会に多大の恩恵をもたらしましたが、負の側面も数々現れています。

高度な知能は氏よりも育ちといわれているように、誕生後の環境によって獲得される部分が大きいのです。情報の氾濫と高度化する社会システムは、数多くの精神疾患をつくり出し、労働者を単なるコストとみなすグローバル経済は経済格差と離婚率を高め、子育てをめぐる環境は劣悪化しています。とりわけ両親の離婚や虐待はエピゲノム（第7章参照）に生涯に残る傷を刻み付けています。強いストレスは副腎からアドレナリンを分泌させ、脳のグリア細胞が蓄積したグリコーゲンを分解して大量のブドウ糖を放出させます。過度のストレスは、極度の不安感と重いうつをもたらし、生涯に残る重度の精神障害をもたらすことが指摘されています。ここでも、ブドウ糖が諸刃の剣として健全なシナプス形成に抑制的に作用した可能性があります。

ヒトを長寿にさせたもの

人間の寿命はあらかじめ遺伝子にプログラムされているという人がいますが、そのようなものは見つかっていません。しかし、動物の種類によって潜在的寿命（最長寿命）はおおよそ定まっているようです。

人類学者のクリスティン・フォークスは、チンパンジーのメスは閉経期になる頃には繁殖の役割を終えるかのように死んでしまうが、なぜかヒトはそれからが長いといいます。彼女はその理由を明らかにするために、アフリカやニューギニアの狩猟採集民の実態を念入りに調査しています。その結果、男による狩猟から得られる獲物はごくわずかであり、祖母が娘の子育てを助け、さらに食物を効率よく採集して家族を養っていると指摘しています。これまでの狩猟仮説に対して疑問符をつけているのです（おばあちゃんパワー仮説）[1]。ヒトの寿命は類人猿に比べて明らかに長くなっていることから、これは進化の中で獲得した可能性があります。

食物で変わる寿命

寿命は環境要因によっても大きく変わります。日本人の寿命は戦後大きく改善し、半世紀の間に平均寿命を50％も伸ばし、過去30年間男女とも世界のトップクラスを維持しています。戦後急速に寿命が延びた理由は、乳児や青少年の感染症による死亡が姿を消し、中高年の脳疾患の減少、さらに高齢者層の健康増進による死亡率の低下によるものです。このように日本人の寿命を著しく伸ばした最大のものは食料です。豊かな食料により病原体を撃退する強靭な体になったことによります。しかし、類人猿に栄養価の高い食物を与えても、ヒトほどには寿命は延びないはずです。それは、ヒトと類人猿では潜在的な寿命が異なるからです。日本人の寿命が延びた理由は、食物の改善によって潜在的な寿命に近づけたにすぎず、食物によって潜在的寿命が延びたのではありません。人類は類人猿から分岐した頃の潜在的寿命は類人猿並みであったと思われますが、その後の進化の過程でそれが拡大したのです。

動物実験結果が示すもの

動物実験による生存期間の研究は数多く行われています。早くから知られているものに、カロリー制限食や無菌状態で飼育すると寿命が1・5倍延びるという報告がありまず。無菌環境下での生活は現実にはあり得ません。カロリー制限食についてみることにします。この研究はラットを40％カロリー制限した飼料で飼育すると、平常食群に比べて1・5倍寿命が延長したというものです。腹八分目という健康法がありますが、これとは関係ありません。これを鵜呑みにして大人が実行すれば命を落としかねません。これは、誕生直後からの実験であり、しかもビタミンやミネラル、たんぱく質などの必要な栄養素は充足させカロリーだけを制限させての実験です。

カロリー制限食で寿命が延びる理由として次のように解説しています。寿命と生殖は対極の関係にあり、カロリー制限をすると生殖にブレーキがかかりインスリンの成長促進因子が欠乏して成長が抑制され、そのため寿命が延びるといいます。また、食料が潤沢にあると生殖が促されますが、成長が早い分だけお迎えも早く来るという説です[17]。これは低い代謝活性による成長の遅滞によってもたらされた寿命の伸長です。

変温動物の代謝活性は恒温動物に比べて10分の1ほどです。そのためか、ゾウガメは２００年も生きるといいます。

それでは恒温動物では代謝活性が高い分だけ逆に寿命が短くなるかというとそうでもなさそうです。ラットを品種改良により安静時代謝活性を高めると寿命が20％伸びたといいます（有酸素脳仮説）。このことは、筋肉運動を心がけると運動時だけでなく、安静時にも基礎代謝量が上がるとして勧められることと関係しています。

速く成長する動物ほど短命

動物の成長期間は寿命と相関しており、成長期間におよそ6を乗じると潜在的寿命に相当するという説があります[69]。ヒトでは成長期間が20年ほどですから、６を乗じて潜在的寿命は１２０歳ということになります。ヒトは大脳化により成長期間が大幅に伸びましたが、それと連動して寿命も大きく伸びたのです。１６０万年前のトゥルカナボーイの化石の推定年齢が二転、三転したが、現代人を当てはめて推定しても本当のところは分かりません。この少年の時代は現代人よりもはるかに早熟であったのであり、脳の容積から推定する方がより正しい年代が割り出せるはずです。

ヒトの子どもの身長は他の哺乳動物に比べて、成長が長い間抑えられます。そして、ある時期を超えると一気に身長が伸びるという特徴があります。これは、情動的な子どもの脳を、社会で対応できる大人の脳に大改造するための戦略とされています。早くに大人並の大きな体になったのでは教育どころではないからです。成長が加速化すると教育期間が短縮されます。現代の子どもたちに、早熟な体に未熟な頭という傾向が現れていなければいいのですが。

第9章　人類のゆくえ

大脳化がもたらしたネオテニー現象

先にも述べましたが、ネオテニー（幼形成長）は幼い頃の形質を残したまま成長するという説です。ヒトの脳も生まれたばかりの成長速度で増え続けたことにより大きくなったということで説明されています。ヒトに起こった不可解な一連の進化が、すべてネオテニー説で説明している人もいることから、これほど都合のよい説も珍しいのです。そのため、この説は定説であるかのように解説している本もあります。しかし、なぜネオテニーが起こったかということについては、ネオテニーを起動させる遺伝子のスイッチがオンになったと主張するだけで、なんら科学的な裏付けがありません。この説が誤りであることはポルトマンが指摘したように、生まれて間もない頭でっかちの胴長で短足の何一つ自力でできないヒトの嬰児がその形質を残したまま成長したら、とてもスマートで機能的な運動を可能にさせる大人の体型にはならないことでも分かります。

ネオテニーが大脳化をもたらしたのではないのです。その逆です。大脳化が一連のネオテニー現象をもたらしたと考えると合理的に説明できそうです。もう少し具体的に説明すると、大脳化によって成長に大幅な遅滞が起こり、遅い成長がネオテニーをもたらしたのです。先に北朝鮮の脱走兵の例をあげましたが、彼らの幼い顔立ちは栄養失調による成長の遅滞がもたらしたものなのです。脳のシナプスの形成には臨界期があり、その機を逸するともはやその回路は形成されないが、このことは脳以外の組織の成長にも当てはまります。成長期に必要な環境要因がそろわなければその後いくらそれを補ってももはや健全に成長することはありません。チンパンジーに比べて明らかに幼いヒトの風貌は、頭蓋骨の形成後に始まる大人の風貌に変わるタイミングが、長い脳の成長期間によってたち切れになったために生じたと考えることができます。

脳は、体の組織のなかで最も先行して成長する器官であり、この成長が遅れたことにより体の成長全体にさまざまなネオテニー現象をもたらしました。人類進化研究の意義は、人類はいつ誕生してどこへいくのかというロマンを駆り立てるものでもなく、また、化石を見つけ出して功名をあげることでもありません。それは、もっと切実な真剣なところにありそうです。大脳化は人類に高度な知能をもたらしたが、その一方で他の動物には見られない厄介な課題を負わせました。人類進化の研究は、ヒトの子どもはいかに育てなければならないのかという根源的な問題を人々に問いかけることになるのです。ここでは、やや横道にそれますが、大脳化がもたらした負の側面を示して今日的な社会問題との関わりに触れます。

現代の子どもに起こっている体質異変

前章でポルトマンが人間の尊厳は誕生後の1年間に獲得されると述べたことを紹介しましたが、これは乳児期が体質を決定づける分岐点であることを指摘したものです。戦後しばらくしてからアトピーや食物アレルギーなどの疾病が大量に出現するようになり、日本人の体質に異変が起こっていることが歴然となってきました。私の学生時代にはアトピーで苦しんでいる人は見たこともありませんでしたが、今では気の毒な学生さんがごく普遍的に見られます。私は、人類に起こった大脳化を理解しない今の産科医療にその原因の多くがあると考えています。

アレルギーのほとんどは、自己とは異なる遺伝子からできている生体異物（アレルゲン）が体内に侵入したことにより起こる過剰な生体防御反応によるものです。食物や人工乳はすべて生体異物、すなわちアレルゲンです。問題は現代の子どもたちの40％が、なぜこのようなアレルゲンが体の中に侵入するような体質になったのかということです。動物実験でこれを解明することは不可能です。なぜなら大脳化によってもたらされた疾病でもあるからです。これを真に理解するには、人類に起こった大脳化を理解しなければ本当のところは分からないのです。その例をこれから眺めることにします。

人工乳哺育児に多発する突然死

１９５０年前後に米国で乳児が多数原因不明の酸欠中毒（チアノーゼ）になり、中には２３０人もの集団中毒事件が発生し、亡くなった乳児も多数出ました。この中毒を発症したのは例外なく人工乳で育てられている乳児でした。原因の解明にはしばらくかかりましたが、自宅の井戸水に疑いをもった農家の父親が、アイオワ州立大学のコムリー教授のもとにその井戸水を持ち込んだことがきっかけとなってこの中毒の原因が明らかにされてきました。[70]

この井戸水にはかなりの濃度の硝酸が含まれており、乳児の胃の中で硝酸が毒性の強い亜硝酸に変わっていたのです。この亜硝酸が血管内に入って酸素を運搬するヘモグロビンを酸素運搬能を失ったチョコレート色のメトヘモグロビンに変えていたのです。この中毒はごく少量の一酸化炭素によるガス中毒と同じ機構で発生するもので、正式にはメトヘモグロビン血症と呼びます。

ここで重大な事実が明らかになります。おそらく読者のほとんどの方々がまさかと思われるでしょうが、乳児の胃の中で硝酸を亜硝酸に変えていたものは細菌だったのです。乳児の症状と飲料水の硝酸濃度には量的関係があることから、人工乳で育てられている乳児の胃の中で常に細菌類が繁殖していることが明らかになったのです。ことの重大性を知った米国公衆衛生局は、急ぎ調査をしたところ、同様の事件が世界各地で発生し、死者も多数出ていることを確認します（北米で2000件、うち死者160人、死亡率8％、1945〜1970年）[71]。そして、急きょ飲料水の硝酸・亜硝酸の水質基準の見直しを行うとともに、母乳哺育を国民に勧告します。

当時米国はウーマンリブ闘争の真っただ中（1962年）で、母乳哺育率は10％台にまで低下していましたが、米国公衆衛生局の勧告後の1965年を境に急速に65％にまで回復します。乳児の胃の中で常時細菌が繁殖しているという事実に人々が驚愕したことは想像に難くありません。それ以来、高学歴な米国女性の80％は母乳哺育で子どもを育てているという報告があります。

植物は硝酸を高濃度に蓄積する性質があり、米国では乳児に早くからポパイのほうれん草を与えると、メトヘモグロビン血症を発症することが知られており、これをブルーベビーと呼んで早い離乳食に注意を促してきました。米国公衆衛生局はあの水質基準を見直す際に、メトヘモグロビン血症を乳幼児突然死症候群の主因の一つと位置付けています。ヒトの乳児ではヘモグロビンのメト化が20％を超すとチアノーゼを発症し、40％を超すと命が危ないとされています。日本の旧厚生省は１９９３年にアトピー実態全国調査を行い、その数年後に乳幼児突然死症候群の実態調査を実施しています。それによると、人工乳哺育と両親の喫煙がともにリスク５倍と他を抜いて突出しています。この二つの要因が重なると、突然死のリスクは10～25倍に跳ね上がることになります。20年ほど前になりますが、東大で行われた日本母乳哺育学会で、この問題を発表したところ、ある国立大の教授がメトヘモグロビン血症などという疾病は聞いたこともないと強く反論し、会場がざわついたことを記憶しています。この頃には、茨城県で重症のメトヘモグロビン血症児が発生し、筑波大付属病院で一命をとりとめた事件が起こっていました。このときの乳児のヘモグロビンのメト化は56％でしたから、医師団の対応がよほど適切だったのでしょう。

この中毒はヒト以外の乳児には発生しません。この問題の本質は、硝酸の水質汚染にあるのではなく、なぜ人工乳で育てられている乳児の胃の中で細菌が繁殖しているのかという問題なのです。これを理解するには、人類に起こった特殊な進化を理解することから始めなければ、本当のところは分からないのです。

ヒトの子どもはなぜ未熟な状態で生まれなければならないのか

先の課題に答えるために、ヒトの出産に及ぼす進化の影響から眺めることにします。ヒトは骨盤を縮小させて二足歩行の機能を向上させ、さらに脳を拡大させたために、その見返りとして産みの苦しみを味わい、次第に未熟度を増す子どもを生まなければならなくなりました。現代の胎児が膣口を通過できる脳容積の限界点が360〜400ccです。胎児からホルモンによる合図が送られて陣痛が始まり、それは間断的に起こり、次第に強くなります。初産では陣痛は10時間あるいはそれ以上も続く場合があります。陣痛は胎児にとって産道を通過するための訓練であり、母体は膣口を次第に拡張する準備期間です。膣口が充分に拡張してから胎児の娩出です。出生は胎児にとってそれまで胎盤経由の循環系が、肺に空気が入って肺呼吸に変わる衝撃的な時です。

類人猿ではほとんど陣痛らしきものはなく、なんら苦しむこともなく子を産んでいるといいます。

排卵期を隠すヒトのメスの戦略

通常哺乳動物のメスには発情期があり、この期間だけオスと交尾をします。妊娠期間や哺育期間には発情期がなく、チンパンジーでは哺乳期間が4歳半まで続きますから、最後の交尾から子離れするまでの5年間は交尾しないことになります。ゴリラやチンパンジーでは頻繁にオスによる嬰児殺しが起こっていますが、これはメスの発情を促すことに目的があると考えられます。発情期が長いイヌやチンパンジーは複数のオスと交尾しますが、これは嬰児が殺されるのを防ぐメスの戦略でもあります。

ところが、ヒトのメスは排卵期が隠されており、いつでもオスを受け入れる体制にあります。妊娠や哺乳期間も受精はしないもののオスを受け入れる体制になっています。これは手のかかる超未熟な子どもを育てるために常にパートナーの協力が必要なためです。そのため、他の動物のメスとはかなり異なったホルモン代謝が行われており、流産が多いのも、また、出産後しばらくは母乳が出ないのもそのためです。このような特殊な生理機構が働いて生まれたヒトの子どもには次のようなさらなる試練が待ち受けているのです。

さらなる試練

長い陣痛に耐えて生まれたヒトの子どもを待ち受けている試練の一つは、出生後1週間に体重が10％も低下する生理的体重減少です。第4章でも説明しましたが、ヒトは他の動物と異なり、出産直後のしばらくは母乳は出ません。新生児が懸命になって乳首を吸う刺激を受けて、ホルモンのプロラクチンとオキシトシンが分泌されて、乳が初めてつくられ、そして射乳が起こるのです。その間、乳児は誕生前に飲んだ羊水と蓄積脂肪でしのぎます。新生児は消費エネルギーの85％を脳が使っているが、これは先に述べたように蓄積脂肪をケトン体につくり変えて供給しています。まもなくして母乳が順調に出るようになると、ケトン体系に乳糖からのブドウ糖系が参入してエネルギー供給システムが併合型に変わります。

胎児は長い陣痛に耐え、循環系の大転換という衝撃を受け、さらに体重を10％も減らすというハングリーに耐え、母子共同で懸命に哺乳作業を行い、やがてそれが母乳の分泌となって報われます。この成功体験が、脳のシナプス形成に反映され、いかなる動物ももち得ない忍耐力と勤勉さ、何よりも強靭な精神をもった動物に育つのです。

かつてわが国の産科医療現場で陣痛促進剤で多くの被害者が出て、大きな訴訟問題に発展したことがあります。[72] しかし、これは過去の話ではありません。家畜ですら最も安心できる未明に子を産みますが、この国の出産のピークは午後1、2時、これに帝王切開が連動しています。近年の産科医療システムと無気力無感動な子どもの増加と無縁ではなさそうです。

この神秘なるもの

哺乳動物の乳汁は血液からつくられます。乳汁の最大の恩恵は、病原菌や自己とは異なった遺伝子からできている生体異物を撃退する免疫物質が大量に含まれていることです。免疫物質には細胞性免疫と体液性免疫があり、前者にはさまざまなタイプの白血球、後者には免疫グロブリンA、G、Mなどがあります。乳汁は単なる食物ではなく、生きものです。生細胞の白血球が消化器を無菌的にし、体液性免疫が血管内に入って乳児の免疫力を強化しているのです。特に、初乳には血液よりも高濃度に含まれていることから、これを十分に飲まなかった動物の多くはまもなくして病原体に侵されて死んでしまいます。

母乳は乳児を健康に育てるのに欠かせないものですが、母親にとっても母乳哺育は産後の子宮の回復を促進し、乳がんや卵巣がんの発症リスクを軽減させます。

なぜヒトの乳児の胃の中で細菌が繁殖するのか

胃の機能は食物の消化とされていますが、第一義は食物の貯蔵庫としての役割です。食間時にも少しずつ栄養素を体に供給するためです。貯蔵した食物が腐敗しないように強力な塩酸とペプシンを分泌して細菌を撃退しているのです。

ところが、誕生直後の乳児の胃にはこれらの消化液は分泌されません。その理由は、これらの強力な消化液が分泌されると母乳中の生細胞はたちまち死滅し、体液性免疫は破壊されるからです。実際にはそのようなことにはならず、母乳と胃が強くリンクしているのです。

ところが、この母乳を免疫物質が一切含まれていない人工乳に切り換えるとたちまち胃の中で細菌が繁殖することになります。誕生直後の消化液が分泌されない胃の中はほぼ中性で、細菌が繁殖する絶好の環境になっているのです。ここにリッチな養分の人工乳が流入してきますから細菌が繁殖しないはずはないのです。

塩酸・ペプシンが胃に分泌されない期間は動物により異なり、成長の速いブタでは生後4~5時間、ウシでは10時間ぐらいですが、ヒトでは4か月近くもかかります。なぜそのようなことが言えるのか、それは先に述べた人工乳哺育児の硝酸中毒事件です。発症する患者は４か月以内の乳児にほぼ集中していたのです。４か月齢以上になると細菌が増殖できない酸度にまで消化液が分泌されるようになるためです。重複するが、４か月齢までに母乳以外のものを乳児に与えると、確実に乳児の胃の中で細菌が繁殖するのです。

なぜアレルギー体質の子どもが増えてきたのか

小腸の役割は、大きな分子量の栄養成分を細かく分解して吸収しやすくすることであると多くの人が理解していると思われるが、これは必ずしも正しくはありません。食物消化の第一義は、生体異物の侵入を阻止する生体防御なのです。食物はすべて生体異物です。これが直接体内に侵入すると大変なことになります。それが食物アレルギーです。そのようなことにならないように、生体異物の痕跡を完全に消し去るように徹底的に分解したものだけを体内に取り込むのが小腸の役割なのです。口から肛門まで消化器は一本の管になっており、管の中は外界であり、管から体内に必要な栄養素を取り込む主要な器官が小腸なのです。小腸が血液脳関門ならぬ腸管門の役割を演じているのです。

ところが、誕生直後の乳児の小腸はこの門の扉を開放しており、なんでもフリーパスの無防備な状態になっているのです。なぜそのようなことになるのか。もうおわかりでしょうが、母乳中の高分子の免疫グロブリンを体内に取り込むためです。この神秘的な仕組みは古くから分かっており、誕生直後の仔羊に母乳を飲ませると、それまで検出されなかった免疫グロブリンが出現するようになるのです[73]。

この腸関門が開放される期間は定まっており、ウシでは8時間もすれば門の扉は閉ざされます。畜産学ではこれを腸管吸収閉鎖と呼んでいます。ウシやヒツジはこの間に徹底して初乳を飲んで体内に十分量の免疫グロブリンを取り込まなければその後健康に育たないのです。そして腸管吸収閉鎖後は、何を食べても完全に消化されたものだけが吸収されるため、アレルギーということは起こらないのです。

ところが、ヒトではかなり事情が異なります。教科書には、ヒトは胎盤経由で抗体を受け取ると書かれていますが、これも正しくはありません。胎児期に取り込まれるのは免疫グロブリンGだけで、その他のAやMは取り込まれておらず、やはり腸管吸収閉鎖が解除されている期間に母乳から摂らなければなりません。また、母乳中のGも腸管から吸収され、より強固な免疫体制を形成することになります[74]。

さらに重大なことは、ヒトの場合腸管吸収閉鎖が完成するのに少なくとも6か月はかかるということです。もうお気づきでしょうが、このようななんでもフリーパスの小腸に母乳以外のものを与えたらどのようなことになるか、近年になって、ようやくこの問題が真剣に論じられるようになってきました。わが国に多発してきたアトピーや食物アレルギーの主因は乳児に母乳以外のものを与えたことによるものです[75][76]。ユニセフなどのできる限り６か月までは母乳だけで育てましょう、というキャッチフレーズはそのような理由からです。わが国では、２〜３か月で果汁などが飲まされていましたが、これがいかに誤りであったか。最近、離乳開始時期を遅くする指導が行われるようになってきました。大変嫌な話で恐縮ですが、人工乳はそれ自体が生体異物ですから、離乳食とみなさなければならないのです。

腸管吸収閉鎖を完成させる腸管粘膜の増殖を促進する因子が母乳中に含まれています。母乳と胃、さらに腸のトライアングルが形成されているのです。

人工乳で育てられている乳児に起こった硝酸中毒は、全米の大学で環境の入門書として最も広く読まれてきたといわれるアン・ナダカブカレンの『地球環境と人間[77]』にも紹介されています。先に紹介しましたアイオワ州の片田舎の農家の乳児に発生したチアノーゼの顛末と娘の将来を案ずる農夫の執念、そしてコムリー教授の原因解明は物語化されています。

成長が速いチンパンジーの哺乳期間は4年半ですから、少し過保護のような気がします。ちなみに米国のキャリア女性の母乳哺育期間は2年という報告があります。ところが、我が国では超未熟な状態で生まれ、しかも成長が極端に遅い人間の乳児に対して誕生直後から人工乳を与える産科医療現場もありましたから、これはいくら何でも乱暴が過ぎます。このような乳児に母乳以外のものを与えると、胃や小腸で細菌が繁殖するだけでなく、腸管閉鎖が完成せず成人後もアレルギー体質が継続するのです。本来、胃や小腸には細菌は棲息できず、腸内細菌のテリトリーは大腸だけなのです。

200万年前に突如始まった大脳化に連動してさまざまな連鎖的進化が人類に起こりました。ここで紹介したヒトのメスの特殊なホルモン代謝や、子どもの極端に遅い発達速度など、一連の特殊な形質はそのほとんどが大脳化によって連鎖的にもたらされたものです。学際的な人類学研究は歴史の振り返りだけでなく、今日的な社会問題にも一石を投じることになりそうです。

あとがき

人間はどのようにしてサルからヒトになることができたのか。これは多くの人々がもつ課題であり、人類進化上の最大の謎です。私も常々この課題を考えてきましたが、この問題にチャレンジするようになった経緯について少し振り返ることにします。

私は若い時代のおよそ10年間、ルーメン細菌の糖代謝を研究していました。ルーメン内は無限の数のミクロな生物が整然と連携した共生世界であり、それは宇宙をも彷彿させるほどのものでした。彼らなくしていかなる動物もこの世に生存することができないことをあらためて認識したものです。ルーメン内の宇宙を眺めて考案した「循環複合農法」は、当時『週刊ダイヤモンド』が「これが80年型生産革命だ」として特集を組んで取り上げてくれました。今から40年以上も前のことです。基礎研究だけでなく、応用研究もいくつか手がけました。１９８２年に米国ボストンで行われた国際微生物学会で新菌種のブドウ糖代謝について報告した際に、米国やカナダの大学や公的研究機関を個人的に訪問したことが契機になって、社会問題にも関心をもつようになりました。

社会問題として最初に取り上げたのが日米のがん情報の格差でした。そしてまとめたのが、日本人の肺がんはたばことは関係がないタイプという、それまでの医学界の定説を否定した『ガン死のトップ 流行する肺がん』[78]でした。当時の大学はどこもひどい有様で、これを機に禁煙ジャーナルの渡辺文学氏や弁護士の伊佐山芳郎氏の協力を得て禁煙運動を推進しました。

１９８０年にはこれまで死因の一位だった日本人の脳血管疾患に代わってがんが一位になり、中でも胃がんが世界で突出していました。当時の旧厚生省は研究班を開設して6年越しの研究をおこない、日本人に胃がんが多いのは欧米に比べて野菜を食べすぎるからだという驚くべき見解を表明します。野菜に含まれている硝酸が口腔の細菌により亜硝酸に還元され、これが胃の中でアミンと反応して発がん性のあるニトロソジメチルアミンになるというものでした。これは多分におかしいのですが、ここでは詳細は控えることにします。しかし、この旧厚生省の見解は物議をかもし、『食の科学』（光琳、農政調査委員会）でも特集を組んで重大な問題として取り上げました。

そして、研究室に高速液体クロマトグラフィーが入ったのを契機に、当時助手の尾上とし子氏らの協力を得てさまざまな試料について硝酸・亜硝酸の分析を行いました。首都圏の飲料水、野菜や果物、ミネラルウォーター、多摩川の各流域の水、ガスをさまざまな条件下で燃焼させたときの排ガスなど、発想次第でいくつもの研究プログラムを組み立てることができました。この時代の研究がその後の展開を決定づけました。

硝酸の研究は乳児栄養の問題に集約され、母乳と特殊な乳児の消化器の問題にシフトしていきました。そのような中で、乳児を人質に取ったともいえるようなダイオキシン恐怖情報が吹き荒れました。１９９８年には「今子供たちが危ない」というシンポジウムを主宰し、先の渡辺氏を総合司会に、陣痛促進剤問題の出元明美氏、国際認定ラクテーションコンサルタントの本郷寛子氏らに基調講演をお願いしました。この翌年には「ダイオキシン情報の虚構」というタイトルのシンポジウムを開催し、所沢市議会の深川隆氏などによりいたずらに乳児栄養を混乱させる情報の誤りを指摘しました。この数年後には、渡辺正氏との共著『ダイオキシン——神話の終焉』[79]がダイオキシンの恐怖に洗脳されていた人々に一石を投じることになりました。２０１７年になってこの問題を総括する『ダイオキシン物語―残された負の遺産』[80]を出しました。

乳児の硝酸中毒の問題は、大脳化によってもたらされた成長の遅滞によるもので、この解明には人類進化は避けて通ることはできません。さいわい私はルーメン細菌のブドウ糖代謝、特に乳酸やアミノ酸の合成経路について研究してきた経験とささやかな知識がありました。また、大学院時代には同僚の溝上恭平氏（福山大学元准教授）がこの細菌が産生する生でんぷんを分解する特殊なアミラーゼの研究を進めていました。当時、彼から生でんぷんの強固な結晶構造や難消化性など多くの示唆を受けました。それが何十年ぶりに鮮明に蘇って『火の人類進化論[2]』物語に発展したのです。この当時はブドウ糖の大量流入が大脳化を誘発させたという考え方でしたが、その後ケトン体の問題が加わり、ブドウ糖の毒性がクローズアップされてきました。しかし、ケトン体も体内合成型ブドウ糖と同じように体内で必要に応じてつくられることから、大過剰が脳に押し寄せて大脳化を促すということは考えられません。やはり、火を使ったことによる脳への恐怖のブドウ糖の大量流入が大脳化のエピゲノムのスイッチをオンにしたと考えています。読者の皆様には大脳化の謎解きを楽しんでいただけたとしたら幸いです。

最後に、視覚障害者のための善意のサピエ図書館の蔵書を数多く参照させていただきました。関係者各位に心から謝意を表します。また、本書をまとめるにあたり数々の助言をいただいた生野世方子氏に感謝します。本書の出版にあたり編集など多大な協力をいただいた日本評論社の佐藤大器氏、同筧裕子氏に感謝します。

なお、本書の刊行にあたっては目白大学学術書出版助成を受けました。

２０１８年１月５日　林　俊郎

参考文献

〉まえがき

1　ジョン・コーエン著、大野晶子訳、『チンパンジーはなぜヒトにならなかったのか――99パーセント遺伝子が一致するのに似ても似つかぬ兄弟』（講談社、２０１２）
2　林　俊郎、ソシオ情報シリーズ６『火の人類進化論』（一藝社、２００７）
3　リチャード・ランガム著、依田　卓巳訳、『火の賜物――ヒトは料理で進化した』（ＮＴＴ出版、２０１０）

〉第１章

4　クリストファー・ロイド著、野中香方子訳、『１３７億年の物語――宇宙が始まってから今日までの全歴史』（文藝春秋、２０１２）
5　川上紳一、『宇宙１３７億年のなかの地球史』（ＰＨＰ研究所、２０１１）
6　縣　秀彦、『地球外生命体――宇宙と生命誕生の謎に迫る』（幻冬舎、２０１５）
7　ドナルド・ゴールドスミス、ネーサン・コーウェン著、青木　薫訳、『銀河の謎にいどむ――母なる天の川の誕生と進化』（講談社、１９９２）
8　丸山茂徳・磯崎行雄、『生命と地球の歴史』（岩波書店、１９９８）
9　大河内直彦、『地球の履歴書』（新潮社、２０１５）
10　大河内直彦、『「地球のからくり」に挑む』（新潮社、２０１２）
11　リチャード・フォーティ著、渡辺政隆・野中香方子訳、『地球46億年全史』（草思社、２００９）
12　木村　学・大木勇人、『図解・プレートテクトニクス入門――なぜ動くのか？　原理から学ぶ地球のからくり』（講談社、２０１３）
13　アレクサンドル・イワノヴィッチ・オパーリン著、江上不二夫編、『生命の起源と生化学』（岩波書店、１９５６）
14　船木　亨、『進化論の５つの謎――いかにして人間になるか』（筑摩書房、２００８）

15　T. Hayashi, A. Oi and K. Kitahara, “Glucose metabolism of orange-colored Streptococcus Bovis”, *J. Gen. Microbiol.*, 22, 1976
16　川上紳一・東條文治、How-nual visual Guide Book 図解入門『最新地球史がよくわかる本――「生命の星」誕生から未来まで』（秀和システム、2006）
17　ニック・レーン著、斉藤隆央訳、『生命の跳躍――進化の10大発明』（みすず書房、2010）
18　真家和生、『自然人類学入門――ヒトらしさの原点』（技報堂出版、2007）
19　ビル・ブライソン著、楡井浩一訳、『人類が知っていることすべての短い歴史』（日本放送出版協会、2006）
20　川上紳一、『生命と地球の共進化』（NHKブックス、日本放送出版協会、2000）
21　池田清彦、『38億年　生物進化の旅』（新潮社、2012）
22　『子供の科学』、第70巻、第8号、2007年8月（誠文堂新光社）
23　日本宇宙生物科学会・奥野　誠・馬場昭次・山下雅道編、『生命の起源をさぐる――宇宙からよみとく生物進化』（東京大学出版会、2010）
24　ピーター・D・ウォード著、垂水雄二訳、『恐竜はなぜ鳥に進化したのか――絶滅も進化も酸素濃度が決めた』（文芸春秋、2008）
25　『子供の科学』、第76巻、第5号、2013年5月、「特集　生き物の進化の物語」（誠文堂新光社）
26　ジム・E・ラヴロック著、星川　淳訳、『地球生命圏――ガイアの科学』（工作社、1984）
27　アルフレッド・W・クロスビー著、小沢千重子訳、『飛び道具の人類史――火を投げるサルが宇宙を飛ぶまで』（紀伊国屋書店、2006）

〉**第2章**

28　藤田哲也、『心を生んだ脳の38億年――ゲノムから進化を考える』（岩波書店、1997）
29　尾本恵市、『ヒトはいかにして生まれたか――遺伝と進化の人類学』（講談社、2015）
30　更科　功、『化石の分子生物学――生命進化の謎を解く』（講談社、2012）
31　左巻健男、『面白くて眠れなくなる人類進化』（PHPエディターズ・グループ、2016）

32 リチャード・リーキー著、馬場悠男訳、『ヒトはいつから人間になったか』（草思社、1996）
33 ジャレド・ダイアモンド著、レベッカ・ステフォフ編著、秋山勝訳、『若い読者のための第三のチンパンジー——人間という動物の進化と未来』（草思社、2017）
34 スティーヴン・オッペンハイマー著、仲村明子訳、『人類の足跡10万年全史』（草思社、2007）
35 内村直之、『われら以外の人類——猿人からネアンデルタール人まで』（朝日新聞社、2005）
36 リチャード・リーキー著、岩本光雄訳、『人類の起源』（講談社、1985）
37 ダニエル・E・リーバーマン著、塩原通緒訳、『人体600万年史——科学が明かす進化・健康・疾病〈上・下〉』（早川書房、2015）
38 河合信和、『ヒトの進化七〇〇万年史』（筑摩書房、2010）
39 田家康、『異常気象が変えた人類の歴史』（日本経済新聞出版社、2014）
40 イアン・モリス著、北川知子訳、『人類5万年　文明の興亡——なぜ西洋が世界を支配しているのか〈上・下〉』（筑摩書房、2014）
41 チップ・ウォルター著、長野　敬・赤松眞紀訳、『人類進化700万年の物語——私たちだけがなぜ生き残れたのか』（青土社、2014）
42 沖　大幹、『水の未来——グローバルリスクと日本』（岩波書店、2016）

〉第3章

43 チャールズ・ダーウィン著、夏目大訳、『超訳種の起源——生物はどのように進化してきたのか』（技術評論社、2012）
44 チャールズ・ダーウィン著、長谷川眞理子訳、『人間の由来〈上・下〉』（講談社、2016）
45 千住　淳、『社会脳とは何か』（新潮社、2013）
46 理化学研究所脳科学総合研究センター編、『脳科学の教科書　神経編』（岩波書店、2011）
47 チップ・ウォルター著、梶山あゆみ訳、『この6つのおかげで人類は進化した——つま先、親指、のど、笑い、涙、キス』（早川書房、2007）

48 カール・ジンマー著、渡辺政隆訳、『水辺で起きた大進化』（早川書房、２０００）
49 エレイン・モーガン著、望月弘子訳、『人は海辺で進化した――人類進化の新理論』（どうぶつ社、１９９８）
50 アドルフ・ポルトマン著、高木正孝訳、『人間はどこまで動物か――新しい人間像のために』（岩波書店、２０１７）
51 高橋迪雄、『ヒトはおかしな肉食動物――生き物としての人類を考える』（講談社、２００７）

第4章

52 藤井直敬、『拡張する脳』（新潮社、２０１３）
53 工藤佳久、『脳とグリア細胞――見えてきた！　脳機能のカギを握る細胞たち』（技術評論社、２０１１）
54 宗田哲男、『ケトン体が人類を救う――糖質制限でなぜ健康になるのか』（光文社、２０１５）
55 酒井仙吉、『牛乳とタマゴの科学――完全栄養食品の秘密』（講談社、２０１３）
56 梶本修身、『すべての疲労は脳が原因』（集英社、２０１６）

第5章

57 Robert E Hungate,『*Rumen and its microbes*』, Academic Press, 1966
58 犬塚則久、『「退化」の進化学――ヒトにのこる進化の足跡』（講談社、２００６）
59 福永隆生・古賀克也、「鶏卵白タンパク質の消化性に対するオボインヒビターの影響」、『日本畜産学会報』, 63(1) 1992 : 92-97
60 小崎道雄・佐藤英一編著、雪印乳業健康生活研究所編、『乳酸発酵の新しい系譜』（中央法規出版、２００４）

第6章

61 阿刀田高、『私のギリシャ神話』（日本放送出版協会、２０００）
62 濱田　穣、『なぜヒトの脳だけが大きくなったのか――人類進化最大の謎に挑む』（講談社、２００７）
63 夏井　睦、『炭水化物が人類を滅ぼす――糖質制限からみた生命の科学』（光文社、２０１３）
64 新井圭輔、『糖尿病に勝ちたければ、インスリンに頼るのをやめなさい』（幻冬舎、２０１６）

65　ミッシェル・ド・ロルジュリル著、浜崎智仁訳、『コレステロール――嘘とプロパガンダ』（篠原出版新社、２００９）

〉第７章

66　赤坂甲治、『ゲノムサイエンスのための遺伝子科学入門』（裳華房、２００２）
67　藤田紘一郎、『遺伝子も腸の言いなり――持って生まれた定めなどアリマセン！』（三五館、２０１３）
68　竹内　薫・丸山篤史、『面白くて眠れなくなる遺伝子』（ＰＨＰエディターズ・グループ、２０１６）

〉第８章

69　中川一郎、『寿命と栄養』（第一出版、１９８３）

〉第９章

70　Hunter H. Comly, "Cyanosis in infants caused by nitrates in well water", *J. Am. Med. Assoc.*, 129(2): 112-116, 1962
71　A. M. Fan, C. C. Willhite, and S. A. Book, "Evaluation of the Nitrate Drinking Water Standard with Reference to Infant Methemoglobinemia and Potential Reproductive Toxicity", *Regulatory Toxicology and Pharmacology*, 7, 135-148, 1987
72　陣痛促進剤による被害を考える会編、『病院で産むあなたへ――クスリ漬け出産で泣かないために』（さいろ社、１９９５）
73　アブラハム・ホワイト他著、石田寿老他訳、『生化学原理』（岩崎書店、１９６２）
74　酒井仙吉、『哺乳類誕生――乳の獲得と進化の謎』（講談社、２０１５）
75　西原克成、『「赤ちゃん」の進化学――子供を病気にしない育児の科学』（日本教文社、２０００）
76　平田喜代美、『おっぱい先生の母乳育児「超」入門』（東洋経済新報社、２０１０）
77　アン・ナダカブカレン著、岡本悦司訳、『地球環境と人間――21世紀への展望』（三一書房、１９９０）

〉あとがき

78　林　俊郎、『ガン死のトップ　流行する肺ガン――それでもタバコを吸いますか』（健友館、１９９７）

79 渡辺 正・林 俊郎、『ダイオキシン――神話の終焉』（日本評論社、2003）
80 林 俊郎、『ダイオキシン物語――残された負の遺産』（日本評論社、2017）

索　引

〉アルファベット

DNA　37

〉あ行

アウストラロピテクス　35
アクア説　78
亜硝酸　199
アストログリア　104
アトピー　198
アドルフ・ポルトマン　79
アドレナリン　130, 191
アポクリン腺　172
アマリール　160
アミラーゼ　122
アルディピテクス・ラミダス　38
アルフレッド・ラッセル・ウォレス　64
アレンの法則　115
胃がん　212
遺伝子治療　176
インスリン　108
エクリン腺　172
エナメル質　165
エピゲノム　v, 180
エピジェネティク因子　180
エピジェネティクス　182
猿人　46
延髄　29
オーシャンデザート　7
オキシトシン　204
遅い成長戦略　188
オゾン層　16
おばあちゃんパワー仮説　192
オボムコイド　131
オランウータン　36
オリゴデンドログリア　104
オルドバイ渓谷　152
オロリン・ツゲネンシス　38
温血動物　34

〉か行

ガイア仮説　24
海退現象　56
獲得形質　75
カロリー制限食　193
汗腺　ii, 54, 169
間脳　29
カンブリア大爆発　19
飢餓仮説　86
旧人　46
恐竜　20
巨大隕石の衝突　34
ギリシャ神話　134
クービ・フォラ遺跡　153
グリア細胞　iii, 90

グリコーゲン 102
クレブス回路 13
クローン 181
系統発生 23, 75
血液脳関門 v, 95
結腸 116
血糖値 141
ケトーシス 101
ケトン体 iii, 96
原核細胞 17
言語中枢 173
犬歯 41
原人 46
高インスリン治療法 162
高エネルギー食説 80
恒温動物 34, 115
高価な組織仮説 80
後成遺伝学 182
後腸発酵動物 116
古生代 20
個体発生 75
骨粗鬆症 125
骨盤 43, 164
粉ミルク 190
コミュニケーション能力 173
コラーゲン 18
ゴリラ 36

〉さ行

在胎期間 186
細胞性免疫 205
細胞内共生 17
雑食動物 116
サバンナ仮説 41
サヘラントロプス・チャデンシス 38
産科医療 198
酸素 5
三大栄養素 147
矢状稜 69
自然選択 68
自然選択説 175
ジャイアントインパクト説 4
社会脳仮説 72
ジャンクDNA 175
十字偏光 122
樹上性 70
樹状突起 92
出アフリカ 157
循環複合農法 211
小脳 29
食事摂取基準 190
食物アレルギー 198
真核細胞 17
神経伝達物質 103, 140
人工乳哺育 199

新人 46
新生代 20
腎臓 124
新陳代謝 127
陣痛 202
陣痛促進剤 204
人類進化 63
人類進化上の四大事件 41
人類の起源 63
水素とヘリウム 2
スーパープルーム 21
スカベンジャー説 82
スター・バースト説 21
ストレス 191
スネルの精神因子 31
スワルトクランスの洞窟 48
性選択説 170
生体異物 207
生体防御反応 199
成長の遅滞 197
静電気 139
生理的早産 185
生理的体重減少 204
ゼウス 133
脊髄 29
脊椎動物 30
石器 139
赤血球 96
繊維 121
前胃発酵動物 111
染色体 37
草食動物 111

〉た行

体液性免疫 205
ダイオキシン 213
体型 110
体質異変 198
大脳 29
大脳化 ii, 64
大脳新皮質 77
胎盤 99
体毛 49
体毛の消失 164
太陽系 4
多細胞生物 18
多地域進化説 57
単一地域起源説 58
断続平衡説 68, 178
チアノーゼ 199
チャールズ・ダーウィン i, 25
中生代 20
中脳 29
腸管吸収閉鎖 208

長寿 184
超新星 3
調節遺伝子 179
超大陸 10
調理仮説 131
鳥類 20
チンパンジー i, 36
適応放散 137
テナガザル 36
デニソワ人 60
テングザル 157
でんぷん 121
糖質制限 145
糖質制限ダイエット 145
糖尿病 109, 160
トゥルカナボーイ 54
特異動的作用 130
突然変異 175
トバ火山の大噴火 27
ドマニシ人 157
トランスポーター 108

〉な行

ナックル歩行 43
肉食動物 119
二足歩行説 74
ニトロソジメチルアミン 212
乳酸 iii, 104
乳汁 190
乳幼児突然死症候群 201
ニューロン 92
尿素 129
人間の起源 63
ネオテニー説 78
脳神経細胞 iii, 84

〉は行

パーステルニア説 11
肺がん 212
爬虫類 20
白血球 205
発情期 96
バンアレン帯 15
パンゲア 10
反芻動物 114
パンドラ 133
皮下脂肪 171
ピグミーチンパンジー 36
ヒストン 180
ビッグバン理論 2
ビッグファイブ 19
ヒトゲノム計画 175
火の使用 v, 144, 150
火の人類進化説 182

氷河期 56
氷河期・間氷期サイクル 170
微量必須栄養素 147
ピルトダウン事件 65
ブドウ糖 iii, 13, 98, 102, 120
ブルーベビー 201
プレートテクトニクス 9
プロメテウス 133
プロラクチン 204
分子時計 36
糞食 118
北京原人 35
ヘモグロビン 17
ヘモグロビンA1c 105
ベルクマンの法則 115
変温動物 34, 115
ホグチ 140
哺乳類 20
ホメオスタシス 127
ホモ・エレクトス 46
ホモ・サピエンス 35
ホモ・ネアンデルターレンシス 46
ポルフィリン環 14

〉ま行

マグマオーシャン 5
マントル・オーバーターン 15
マントル対流 8
マントルプルーム 8
ミクログリア 104
ミッシング・リンク 38
ミトコンドリア 37
ミトコンドリアイブ説 57
メトヘモグロビン血症 200
免疫グロブリン 205
盲腸 116
網膜症 160

〉や行

有機酸 121
湧昇域 7
葉緑素 16

〉ら行

ラエトリ遺跡 49
リグニン 132
リチャード・ランガム iii, 81
臨界期 189
類人猿 i, 24
ルーメン 111
ルーメン細菌 112
冷血動物 34
霊長類 35
連鎖的急進化 53

林　俊郎［はやし・としろう］

目白大学社会学部教授。1949年、京都府出身。東京農業大学大学院博士課程修了。農学博士。

専門は、応用微生物学、特にルーメン細菌のレンサ球菌の代謝研究。83年、国際的に認知された新菌種の特殊な代謝機構を国際学会で報告、その際に「がんとウイルス」の相関について強い触発を受けた。この研究をベースに、乳児の特殊な胃腸の機構、がんの発生要因に関する研究を進め、啓蒙書などを刊行してきた。

著書に、『ガン死のトップ 流行する肺ガン―それでもタバコを吸いますか』、『生活習慣病が日本を滅ぼす』、『ダイオキシン情報の虚構』、『乳幼児の突然死』（編著）（以上、健友館）、『激論！　日本人の選択』（共著、小学館）、『ダイオキシン―神話の終焉』（共著）、『水と健康―狼少年にご用心』、『ダイオキシン物語―残された負の遺産』（以上、日本評論社）他がある。

「糖」が解き明かす人類進化の謎
なぜヒトの脳は大きくなったのか

発行日　2018年2月25日　第1版第1刷発行

著　者　林 俊郎
発行者　串崎 浩
発行所　株式会社日本評論社
〒170-8474 東京都豊島区南大塚3-12-4
電話（03）3987-8621［販売］
（03）3987-8599［編集］

印　刷　精文堂印刷
製　本　難波製本
装　幀　Malpu Design（清水良洋）
本文デザイン　Malpu Design（佐野佳子）
イラスト　大石容子

ISBN978-4-535-78861-9